综合实践课程教学系列丛书

AI 未来之城设计（下册）

邱克稳　卢飚　张霞　著

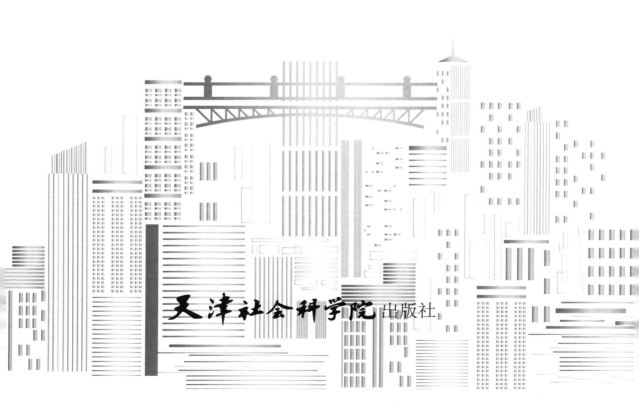

天津社会科学院出版社

目　录

第九章
AI 在未来之城的应用

在《AI未来之城设计（上）》这本书中，我们已经学习并设计了自己心目中的未来之城。在未来，人工智能的应用将会更为普遍，并且性能会更加优秀。现今日常生活中能够接触到或熟知的人工智能有：第一个战胜围棋世界冠军的人工智能机器人阿尔法围棋（AlphaGo）、人脸识别支付、工厂产品加工机器人，等等，这其中包含了斯洛曼（Aaron Sloman）理念下的第一种和第二种人工智能（斯洛曼认为人工智能是设计出来的，可以分为三种类型，第一种人工智能指：试图让机器做人所做的事，如在工厂干活，把人们从繁重的体力和脑力劳动中解放出来；第二种人工智能指：通过接受大量不同的科学训练及日常生活的训练，使机器具有可以理解不同种类的事情、语言、制造计划、测试计划、解决问题、监视我们行动的能力等；第三种人工智能指：包括具有动机、情感、情绪等能力的机器，例如感到孤独、窘迫、自豪、厌恶、兴奋等）。在未来，人类对于人工智能的研究将更为透彻和深刻，它将发展到怎样的程度是难以确定的，但是发展的方向是可以大致确定的，所以作为中学生的我们也可以基于我们现有的知识储备和能力，对未来的AI在生产生活当中的应用进行设计和畅想。

第一节 自定义未来智能城市的特点

问题引入

你认为 AI 在未来城市中会在哪些方面被广泛应用？

你觉得在未来城市建设中会有哪些方面的改变呢？

针对于 AI 在未来城市生产生活中的应用，你认为它将会有怎样的特点和改变？

小组活动（建议 4～8 人一组，推选出组长，对各项工作做好合理分工。）

活动主题：

自定义未来城市的特点。

活动要求：

应用学习到的工程思维和设计思维，完成未来城市人工智能化设计。

活动建议：

以《AI未来之城设计（上）》中设计出来的未来之城为基础，加入人工智能应用，对于实现城市主题加入人工智能元素，进一步提升城市的科技性，使得城市设计更能凸显主题，更加便捷、环保、舒适、和谐，使得生活在其中的人能获得更高的幸福感。

将"未来之城设计"课程中涉及的方面，每方面至少说出一点内容。

（可以以此为设计方向，但不限于此。）

活动过程：

小组讨论，对活动主题进行深刻的解读和讨论，并将未来城市的特点明确下来。

活动成果：

以书面表达的形式形成文字内容。（此内容可以作为《AI未来之城》论文内容主题方向的最初设想。）

活动时长：

建议 10～15 分钟。

🖥 拓展学习

海绵城市

海绵城市将城市比喻成一块大海绵，采用"渗、滞、蓄、净、用、排"的方法对雨水收集、净化、利用、排放，从而达到生态、低影响的要求和目标。

海绵城市规划要考虑三方面。一是对城市原有生态系统的保护（尽可能地保护原有的河流、湖泊、湿地等）。二是生态修复。即对于已经受到破坏的水体和其他自然环境，运用生态的手段进行恢复和修复，并保留一定比例的生态空间。三是低影响开发。即按照对城市生态环境影响最低的开发建设理念，合理控制开发强度，在城市中保留足够的生态用地，控制城市不透水面积比例，最大限度地减少对城市原有水生态环境的破坏，同时根据需求，适当开挖河道湖泊、增加水域面积，促进雨水的积存、渗透和净化。在海绵城市建设过程中，应综合考虑统筹雨水、地表水和地下水的系统性，协调给排水等水循环利用各环节，并考虑其长期性的特点。

据国家防汛抗旱总指挥部统计，过去几年里，我国城市内涝基本覆盖所有省份，全国城乡年均受灾人口在 1 亿人左右，暴雨洪涝损失偏重。为了缓解城市内涝的影响，逐步削减城市雨洪风险，国务院办公厅、住房和城乡建设部、水利部、财政部等部门自 2010 年开始，逐步通过顶层政策设计，要求地方加强城市雨洪管理、改善城市排水能力和构建有中国特色的海绵城市体。

在国家对海绵城市建设的大力支持与推动下，现今制订海绵城市建设方案的城市已经超过了 130 个。虽然这几年国家加大了对海绵城市的投入，但与发达国家相比，我国对于海绵城市的建设尚处于初级阶段，缺乏理论知识的掌握及实践建设的经验，尽管国情如此，我们却不能盲目地引用国外海绵城市建设的先进技术，而应该结合自身的实际情况，将海绵城市理论进一步完善，并朝本土化方向发展。

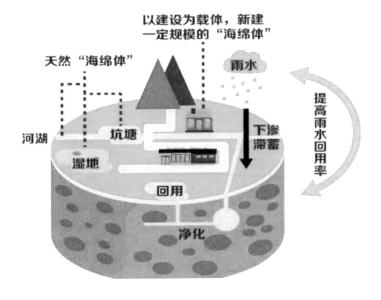

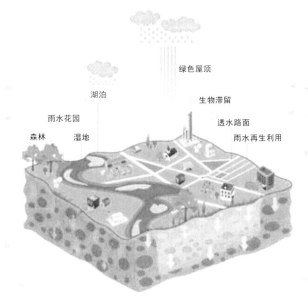

图9-1 海绵城市

⚙ 讨论与分享

　　AI在未来城市建设中有可能应用在哪些方面？AI在其中担任怎样的角色？
　　如果给你设想的AI，担任的角色及实现的功能加一个时间线，未来的多长
时间内能实现你的设想？

第二节 畅想未来智能城市的场景

 问题引入

　　如果让你将自定义的未来智能城市的特点变为现实，你会如何设计未来智能城市系统？

　　你认为在未来智能城市中，哪些场景会发生改变？怎样改变？

 小组活动

活动主题：

畅想未来智能城市场景。

活动要求：

进行头脑风暴式的想象和设计，但需要符合科学性、真实性。

活动建议：

场景可以包含：城市交通、城市建筑、城市学校、城市工厂、城市生活等。（可以以此为参照场景但不限于此。）

根据自己现有的知识储备，对这些场景加入 AI 和未来因素进行想象和设计。

活动过程：

在组长的组织和带领下，完成对未来智能城市场景的畅想，尽量包含城市的所有场景，并尽量将各个场景细化，明确 AI 在各个场景中的作用和功能。

活动成果：

以书面表达的形式形成文字内容。（此内容可以作为《AI未来之城》论文内容中各个城市场景的最初设想和设计。）

活动时长：

建议 10 ～ 15 分钟。

 讨论与分享

　　如果将设想出来的这些城市场景有机结合在一起，他们之间将会有怎样的逻辑关系？

　　你认为此你设想的未来智能城市有哪些需要改进和优化的地方？

　　如果这些场景在未来需要具体实施，你认为场景的表象之内需要有怎样的技术支持？

第三节 评估与总结

评估测试题

1.你在小组中担任的角色：

_____

_____

2.组内活动做的工作及完成度：

_____

_____

_____

3.活动是否有不足处？如果有，应该如何改进：

_____

_____

_____

4.如果让你带领团队，你会如何计划和安排活动（如果是组长，请反思活动过程中的不足之处，并给出改进建议）：

_____

_____

_____

本章总结

说一说，你在这章中学习到了哪些知识和内容？

_____

_____

第十章
实现城市智能化的基础理论

    城市正常运行本身就是一个极大的知识体系，其形成是通过日积月累，各行各业不断微调而形成的。对于城市的智能化发展也不是一朝一夕就可以完全实现的，只是有可能实现得更有计划性，因为在城市发展研究中已经形成了一定的理论知识体系，以现今的科技发展程度，将城市建造成智能化城市在理论上是具有可能性的。首先城市建设是有理论指导和依据的，完全可以在此指导下建设现代化城市；现代化城市的智能化从表面看是有一定的难度的，但是当你深入去剖析他们之间的关系的时候就会发现，现代化城市智能化的目的是让生活在其中的人们生活得更加舒适、便利、有幸福感，只要明确目标，想要实现目标就是在去向目标的路上解决遇到的所有问题，这样目标也就实现了。

第一节 智能城市简述

📡 问题引入

你对于基于现在科技水平上的智能城市有哪些了解？

一、智能城市的定义

IBM（International Business Machines Corporation）国际商业机器公司对"智慧城市"的定义为：运用信息和通信技术手段感测、分析、整合城市运行核心系统的各项关键信息，从而对包括民生、环保、公共安全、城市服务、工商业活动在内的各种需求做出智慧响应。IBM定义的实质是用先进的信息技术，实现城市智慧式管理和运行，进而为城市中的人创造更美好的生活，促进城市的和谐、可持续成长。

《全球趋势 2030》对"智慧城市"的定义为：利用先进的信息技术，以最小的资源耗费和环境退化为代价，实现最大化的城市经济效率和最美好的生活品质而建立的城市环境。该定义高度概括了在信息技术、产业经济、体制机制等不同背景下对智慧城市的共性认识。

目前，关于"智慧城市"的理解有多种观点，大致可以分为工程项目、深度信息化、城市系统三种观点。

IBM提出的"智慧城市"，英文为"Smart City"，其中"smart"一词，本意是机灵的、聪明的，并不直接对应"智慧"（wisdom）。欧美已走过大规模城镇化和工业化时代，已无须进行大规模基础设施建设，当前城市的主要任务是管理与服务的智能化，因而其城市管理者的行政职能与我国相比狭窄得多。目前，我国现正处于工业化、信息化、城镇化和农业现代化"四化"同步发展阶段，遇到的困惑与问题在质和量上都有其独特性，我国城市发展的内涵与实践也远比欧美的"Smart City"要丰富得多。所以，中国城市智能化发展路径必然与欧美不同（见图10-1），仅从他们的角度解读智慧城市，难以解决中国城市发展的问题。

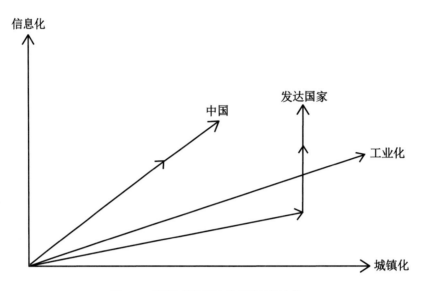

图10-1　我国与发达国家的发展轨迹比较

实际上，"智慧城市"的概念主要是想把 IT 系统运用到城市的管理过程中，如智能医疗系统等具体项目。从中国城市发展的客观规律看，如果"智慧城市"建设缺失"市长视野"，建设目标没有解决城市的主要矛盾（如没有实现经济发展的升级换代和中国特色的城市规划）那么城市的智能化发展就失去了灵魂。试想一下，一个城市，如果仅仅一味地使用工具，"头痛医头、脚痛医脚"，缺乏长远规划，那么城市如何建设？社会怎么和谐？经济怎么增长？居民谈何幸福？

研究认为，"smart"一词不适用中国特色的发展，建议使用"智能城市"（Intelligent City，即 iCity）概念取而代之。在与国家有关部委、地方政府以及参与课题研究的专家学者进行的大量交流和座谈中可知，无论是官员、学者还是各界代表，他们对"智慧城市"的理解都已经向更宽泛的视野展望。"智能城市"的中国定义，已完全不同于最初"Smart City"的概念，中国需要构建的是智能化的城市。因此，建议我国使用"智能城市"（iCity）的概念，这一概念更适合中国国情。对于拥有广大农村的中国城市而言，建设智能城市的实质就是让一个城市能够"又好又快又省"地智能化发展，就是要将我国新型城镇化、深度信息化和工业化升级版深度融合，使城市能够集约、绿色、宜人、安全、可持续发展。

我们研究提出的智能城市（iCity）更多的是从城市的整体"三元空间"出发，通过对各种数据的集成，在充分运用数字化、网络化和智能化等技术的基础上，通过对知识技术、信息技术的高度集成与深度整合，根据城市经济社会发展与市民的需要进行有效服务，成为发现问题、解决问题等方面具有更强创新发展的不竭动力，使城市更具生命力和可持续性发展能力，形成新的城市发展形态与模式。这样不仅可以从经济、社会和服务方面给予市民直接的利益，更能让他们实时感受到触手可及的便捷、实时协同的高效、和谐健康的绿色和可感可视的安全。智能城市的社会价值主要体现在可以有效解决城市病、拓展产业发展领域、使居民创业就业生活满意等方面；智能城市的经济价值主要体现在它是城市经济增长的倍增器。

"三元空间"（PHC）指的是：第一元空间为物理（Physical）空间，由城市所处的物理环境和城市物质组成；第二元空间为人类社会（Human）空间，即人类决策与社会交往空间；第三元空间为赛博（Cyber）空间，即计算机和互联网组成的"网络信息"空间。城市智能化应理解为"三元空间"（PHC）同步推进、彼此促进的过程。

智能城市（iCity）的定义是：科学运筹城市"三元空间"（PHC），巧妙汇聚城市市民、企业和政府智慧，深化调度城市综合资源，优化发展城市经济、建设和管理，持续提高城市发展与市民生活水平，更好地服务市民的当前与未来。简而言之，运筹好城市"三元空间"，提高城市发展与市民生活水平。

◎ 思考讨论

说一说，"智慧城市"与"智能城市"有哪些相同点和不同点？出现不同的主要影响因素是什么？

二、智能城市的主要特征

智能城市是在新一代信息技术和知识经济加速发展的背景下，以互联网、物联网、电信网、广电网、无线宽带网等网络组合为基础，以信息技术高度集成、信息资源综合应用为主要特征，以智能技术、智能产业、智能服务、智能管理、智能生活等为重要内容，致力于能够自我修正并及时解决城市经济、社会、生态等关键问题的城市发展新形态。其主要特征有以下几点：

以人为本。以人的需求为根本出发点，以个体推动社会进步，以人的发展为本，实现面向未来的数字化、智能化，让生活在城市中的人类更加方便与安全。

全面感知。利用泛在的智能传感，对物理城市实现全面综合的感知，对城市的核心系统进行实时感测，实时、智能地获取物理城市的各种信息。

互联互通。通过物联网使城市的所有信息互联互通。

深度整合。物联网与互联网系统连接和融合，将多源异构数据融合为一致性的数据。

协同运作。在不断夯实和完善城市基础设施的同时，充分利用城市智能信息系统设施，实现城市三元空间的高效协同运行，保证城市正常运行与可持续健康发展。

智能服务。泛在、实时、智能的服务。在城市智能信息设施基础上，利用大数据和云服务的新模式，充分利用和调动现有的一切信息资源，通过构架新型服务模式和新的服务系统结构，对海量感知数据进行并行处理、数据挖掘和知识处理，为人们（主要指政府、企业、市民等）提供各种不同层次的低成本、高效率的智能化服务，即决策与认知服务。

 思考讨论

说一说：你认为我国智能城市主要特征定义或规定的根本出发点是什么？

三、我国智能城市建设与推进的重要意义

纵观发达国家的经济发展史，其在不同的发展阶段遇到了不同的发展机遇，而我国真正意义上的经济发展是从 1978 年后开始的，期间抓住了不少的发展机遇，得到了很好的发展。目前，我国正处于经济发展的关键期，我们需要清醒地认识到，不同的时期一定会有不同的发展机遇。智能城市建设与推进只要能够推动工业化、信息化、城镇化和农业现代化同步协调发展，能够成为实现新型区域发展的重要

基础，能够推动城市产业转型发展，能够提高城市管理服务的内涵与质量，能够提高城市效率、特色与文化的内涵等，就可以解决既现实又迫切的世界性难题。我们认为，中国定义的智能城市建设与推进将有可能破解这个难题，并具有深远的历史和现实意义。

四、发展愿景

智能城市建设将促进城市经济社会深度发展，愿景有以下五个方面：

（一）生产力要素极大释放，经济发展方式明显转变

由于生产技术的智能化，生产力将得到极大释放，并引起生产原料重新进行集约式分配，带来生产方式的变革，经济发展方式得到明显转变。这些将使百姓生活更加方便，所需商品价格进一步下降，城市居民的满足感不断提升。

（二）城市空间布局分散，百姓交流和城市监管走向零距离

由于城市智能化的发展，城市空间布局会不断分散，人群居住地点也不断分散，但人与人之间的交流走向零距离。城市的管理、服务与监督将使中央、部委和地方政府为企业和居民提供的服务走向零距离，百姓对政府的监督走向零距离。

（三）居家办公逐步普及，有效疏解交通、促进节能与环保

由于通信和网络技术的智能化，相当一部分在职人员可在家办公，只要制定好相应的规则，可使居家工作与生活双赢、工作人员与所在单位双赢。仅以白领为例，如北京市按 10% 算，至少可有170 万人居家办公，不仅工作日交通高峰拥堵可大大缓解（按每 1.7 人一辆车计算，工作日交通高峰时段至少可减少 100 万辆轿车），轿车尾气排放和办公楼能耗大大减少，工作效率还可大大提高。随着在家办公人员的不断增加以及城市智能交通体系的不断完善，人们工作日出行高峰时段将由集中（上下班）向离散转变（出游、购物、走亲访友等），从而改变人的生活方式。

（四）居民生活工作学习深度融合，人与社会游戏规则不断完善

由于信息资源共享技术的智能化，社会安全（人为与自然）提示功能将更加完善，使人们更具安全感；智能医疗的发展，从治疗为主前移至预防为主，使人们的生活质量提升；网络教育的普及，使人们从教室走向可自我选择的任何地方，

并促使人们自觉接受终身教育；电子商务和网络智能服务的发展，使人们的消费、就业和创业观发生转变，并更加注重社会诚信建设等。

城市智能化，将使社会更加公平；将使城市居民的生活、工作和学习深度融合，其价值观、人生观、世界观将进一步升华，并将更加个性化和多样化；在抑制浪费、提高能效、改善环境、疏解交通等可持续发展方面，人们将更加注重其应尽的社会责任；在社会秩序方面，人们更加期盼相适应的法律法规的完善。

（五）"认识人脑、开发人脑、利用人脑"行动成为新亮点

随着数字化、智能化时代的到来和新材料、新工艺、新技术的不断涌现，以及医学研究的突破，发达国家开始着手对人脑开展研究与应用。在城市智能化的过程中，通过对人的大脑的研究与不断的认识，边开发、边应用的行动将迎来一个新高潮，使智能城市建设更加人性化。

五、智能城市建设与推进的指导思想、基本原则与设想

（一）指导思想

以科学发展观为指导，坚持"以人为本、与时俱进；试点先行、以点带面；立足长远、百年大计；中国特色、因地制宜；政府主导、市民参与；环境友好、安全健康；自我适应、巧妙发展"指导思想，围绕全面建设小康社会的总体目标与要求，以全面提升城镇化发展质量和水平为宗旨，统筹城市发展的物质、信息和智力资源，增强创新引领新动力，激发市场主体活力，建立现代产业新体系，加强信息安全保障能力，有效提升城市社会管理和公共服务水平，提升城市的土地、空间、能源等资源利用效率和综合承载能力，改善城市生态环境质量，提升城市居民生活幸福感受，健康有序地推动有中国特色的智能城市建设。

（二）基本原则

顶层设计、差异发展；统筹兼顾、分步实施；动态调整、虚实结合；建用并重、注重实效；开放经营、效能驱动。中国智能城市建设是一项复杂的巨系统工程，是关乎中国社会近期和长期发展的战略问题。由于各地城市发展历史与阶段各不相同，发展区域环境和文化差异各不相同，因此需按照客观规律办事，考虑近期、中期、长期阶段发展，分类进行战略性顶层设计，确保智能城市发展的战略性、

前瞻性、可持续性；不求全面统一发展模式，根据城市发展差异，设计差异化发展策略，保持城市文化和环境特色；统筹兼顾城市各方面的发展需求，根据轻重缓急的要求，分步骤进行相应的项目实施。

（三）基本设想

构建和谐、宜居、集约、创新、公平、高效和安全的智能城市。充分利用现代科学技术成果，以市长的眼光，通过打破城市条块管理的"管理墙"界限，破解城市管理机制体制障碍，破解城市发展与环境、资源、空间等矛盾，破解城市发展的信息和知识获取瓶颈，构建完善的组织保障和政策体系，保障社会公平、公正，奠定城市健康、高效发展新机制的基础，实现城市的智能管理与服务、智能生产与经营和智能生活与保障等协调发展；进一步提高城市基础设施智能化综合水平；通过先进、安全的信息技术措施，保障核心领域和信息系统的信息安全，最终实现政府满意、公众满意，使中国城市具有更广泛的国际影响力与竞争力。

六、智能城市建设与推进的目标

从图 10-2 中可看出，发达国家与城镇化率较高、人均 GDP 不高的国家发展轨迹不同。图 10-4 进一步绘制了图 10-3 中第①组国家和第②组国家的发展平均轨迹。可见，在城镇化率达到 55% 之前，两者轨迹相同；而在城镇化率处于 60%～70% 阶段中，两者发展斜率不同，已见端倪；当城镇化高潮（城镇化率 70% 左右）过后，前者人均 GDP 陡然上升，而后者依然缓坡发展。研究认为，中国的发展正处在一个关键时期，未来 15 年，能否提高我国工业化和城镇化水平，事关我国能否顺利绕过所谓"中等收入陷阱"的百年大计。为此提出：要系统推动中国的一批重要城市实现智能化发展和产业升级，包括构建城市智能应用系统、基础设施和城市大数据平台，形成运行高效、产业水平提升、就业率得到保证、市民生活水平提高的城市发展新模式。要使我国在 2020 年前（城镇化率近 60% 时），人均 GDP 超过 1 万美元；在 2030 年前（城镇化率近 70% 时），人均 GDP 超过 1.6 万美元。即选择图 10-4 中①的发展路径，及时构成一个高效率、智能化的经济结构，从而确保此后人均 GDP 持续稳定上升。

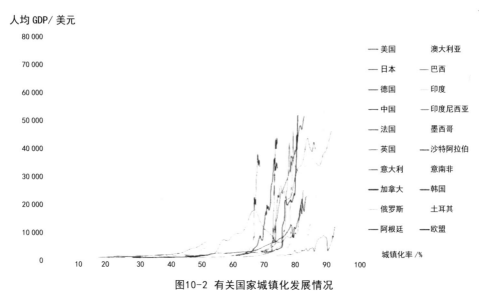

图10-2 有关国家城镇化发展情况

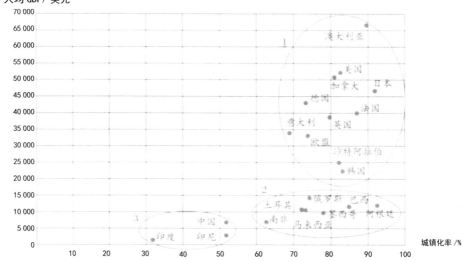

图10-3 2012年有关国家城镇化率与人均GDP的情况

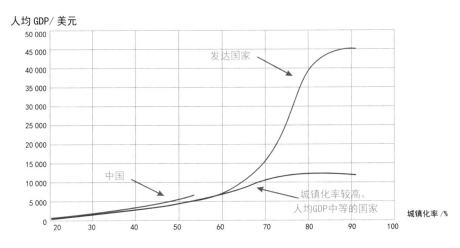

图10-4 图10-3中①与②国家的平均发展轨迹

七、我国智能城市的重点建设内容

智能城市重点建设内容主要是：深度互联的城市信息网络，对城市的资源、环境、基础设施、产业等显性生态要素进行全面感知；对城市经济、科技、文化、管理等理性要素进行智能决策，构建多元互动、协同创新的共享信息平台，提升市民素质，推动就业，拉动消费，实现智能配置资源和公共服务响应；营造以人为本的美好家园。建议重点建设内容包括以下几个方面：

城市建设的智能化：包括城市经济、科技、文化、管理；空间组织模式、智能交通与物流；智能建筑与家居。城市信息基础设施的智能化：包括信息网络、地理信息基础设施、大数据与知识处理。城市产业发展的智能化：包括智能制造和设计、智能电网与智能能源网、智能商务与金融。城市管理服务的智能化：包括智能医疗卫生、智能城市环境保护、智能城市安全管理。城市人力资源的智能化：主要是指在城市智能化过程中，根据城市中就业人口的教育、能力、技能、经验、体力等情况，通过构建的人力资源智能化平台，能够科学合理地被各行各业有效选用，使就业者一方面能够实现自身价值的最大化，同时又能够实现对社会创造价值的最大化。

思考讨论

在了解了智能城市的发展愿景、基本原则等信息后，你认为这样的理解和解释是出于怎样的视角进行规划的？

讨论与分享

我国智能城市的定义是什么？如果将时间放在50年后，你认为智能城市的定义会改变吗？这一定义会发生怎样的变化？为什么？

如果将视角聚焦，例如将视角聚焦在生活中的一件很小很小的问题解决上，你认为此时应该考虑什么？

第二节 智能交通简述

 问题引入

你认为什么样的交通系统可以称之为智能交通？

一、交通问题成因因分析

交通是随着人类生产和生活的需要发展起来的，实现了人和物的位移及信息传输。交通运输在社会生产中分为生产过程的运输和流通过程的运输，是实现人和物空间位置变化的活动，运输方式包括铁路、公路、水路、航空和管道五种，是道路交通系统的基础。随着社会经济的发展，城市化进程的加快，社会对交通运输的需求持续增加，汽车保有量迅速增长，交通运输业得到迅猛发展，交通运输在国民经济和现代社会发展中的地位日益突出。由于土地、财政等资源有限，交通系统供需失衡，交通拥挤、交通事故、环境污染、能源短缺等问题已经成为世界各国面临的共同问题。无论是发达国家还是发展中国家，都承受着不断加剧的交通问题的困扰。目前主要交通问题及成因表现如下：

城市规划和用地规划不合理，城市建设的生活配套和交通配套设施不完善，导致交通出行量大，交通拥挤，交通系统服务水平低。

交通枢纽建设滞后，公共交通的通达性、覆盖率及便捷程度受财政等投入制约，公共交通负担率低。

由于道路交通流量大，交叉口的通行能力低，导致交叉口排队长，交通延误增大；在城市的高峰时段、繁忙路段，车辆拥堵、车速下降、机动车尾气污染加剧。

交通秩序差，交通事故多发。

交通信息服务设施欠缺，服务能力较差。

二、交通问题的解决方法

交通系统是一个复杂的巨系统，为了让人们能享受人畅其行、货畅其流的舒适生活和工作环境，世界各国都在积极尝试各种方法、技术措施，传统思路通常采取新建和改建道路、增加供给等措施以缓解交通拥挤、堵塞等供需矛盾。由于城市可用于道路、铁路、机场等交通基础设施建设的土地供给、财政资金不可能无限制地满足日益增长的交通需求，依靠传统的交通管理方式、粗放式交通发展模式已经不能适应经济和社会发展的交通需求。

智能交通系统（Intelligent Transportation System，简称 ITS）是未来交通系统的发展方向，其是将先进的信息技术、电子传感技术、控制技术及计算机技术等有效地集成运用于交通管理系统，以缓解交通拥堵，提高交通设施利用率、安全性和舒适性为目标，减少交通负荷和环境污染，提高运输效率，让出行者优化出行选择，让管理者提高决策能力，让运营者降低成本、提高效益。智能交通系统把交通基础设施、交通运载工具和交通参与者综合起来，系统考虑，使人、车、路及不同交通方式之间相互协调，如图 10-5 所示。道路交通系统是交通运输系统的基础和核心，是解决交通供需矛盾的核心和关键，其他交通方式的出发与到达皆需道路交通集结与疏散。

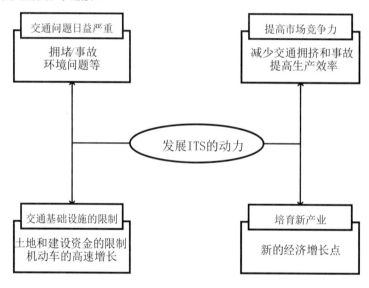

图10-5　ITS发展动力图

（一）ITS内涵

智能交通系统是将先进的信息技术、数据通信传输技术、电子传感技术、控制技术及计算机技术等有效地集成运用于整个地面交通管理系统而建立的一种在大范围内、全方位发挥作用的、实时、准确、高效的综合交通运输管理系统。它的突出特点是以信息的收集处理、分析、共享与利用为主线，为客运、货运的出行提供便捷、安全的服务。

1. ITS 的概念

交通系统的基本要素是人、车、路和环境，人是能动因素，但人在环境感知、判断决策等方面受到距离、生理和心理等方面的限制，如光线不好的情况下、疲劳和分神时反应能力不够等，ITS 增强人的感知能力、执行能力及交通工具、环境的智能化。

国家 ITS 体系框架中的定义：ITS 是在较完善的道路设施基础上，将先进的电子技术、信息技术、传感器技术和系统工程技术集成运用于地面交通管理所建立的一种实时、准确、高效、大范围、全方位发挥作用的交通运输管理系统。主要应用范围：包括交通枢纽运行管理系统、城市交通智能调度系统、高速公路智能调度系统、运营车辆调度管理系统、车辆自动控制系统等。

2. ITS 的特点

智能交通系统主要通过交通信息的广泛应用与服务，提高现有交通设施的运行效率，通过人、车、路的和谐、密切配合提高交通运输效率，提高路网通过能力，缓解交通阻塞，减少交通事故，降低能源消耗，减轻环境污染。由于人、车路与环境是非常复杂的，其要求不同行业以及不同部门综合交通工程、信息工程、通信技术控制工程、计算机技术等众多科学领域之间协同工作，共同完成智能交通系统的建设。

3. ITS 的组成

ITS 由交通信息采集系统、信息处理分析、信息发布系统与控制系统组成，利用 GPS 车载终端、手机、摄像机、红外雷达检测器、线圈检测器、光学检测仪、无线射频识别（Radio Frequency Identification，简称 RFID）等信息采集设备，实时采集交通系统的信息并通过通信系统上传到信息服务器，通过专家系统、地理信息应用系统（Geographic Information System，简称 GIS）、人工决策系统进行数据分析与处理，互联网、手机、车载终端、广播、电子情报板、电话服务台等提供信息服务，并调整交通信号控制系统等。

从系统组成的角度，ITS 一般由交通管理系统、交通信息服务系统、商用车辆调度、车辆控制系统、货运管理系统、电子收费系统智能车路协同等子系统组成。

4. ITS 的优势

ITS 建设给人们的交通出行带来了极大的便利，具有巨大的经济和社会效益，ITS 与物联网、云计算、大数据、移动互联等技术的融合与发展，是智能城市建设各个细分领域中最具前景的行业，具体体现在以下三个方面：

第一，提高交通系统的效能。通过智能交通管理系统和交通信息服务系统的建设，合理引导出行方式、出行时间、路线的选择，提高交通方式之间衔接的效率，使得综合交通系统运行更加完善，有效减少交通出行延误。

第二，提高交通系统的安全性。发展智能化交通运输工具和公路系统，提高交通工具的信息采集、分析和执行能力，可以减少交通事故。ITS 在技术上能实现限制超速、提醒防止疏忽、辅助驾驶与自动驾驶，将极大减少交通事故。

第三，提高交通工具的环保能力。交通运输工具的信息化智能化以及道路的畅通，能够减少交通工具的启停次数，有效减少废气排放，有利于环境保护。

（二）我国 ITS 的发展

1. ITS 实现目标

统筹规划，合理安排，扩大网络，优化结构，完善系统，推进改革，建立健全畅通、安全便捷的现代综合运输体系。

充分发挥各种运输方式的优势，发展和完善城市间快速客运、大城市旅客运输、集装箱运输、大宗物资运输和特种货物运输五大系统。

以信息化、网络化为基础，加快智能型交通的发展。

2. ITS 发展需求与现状

随着城市信息化步伐加快，汽车数量爆发式增长，交通问题也越来越明显。大力发展智能交通不仅可以解决交通拥堵、交通事故环境污染等问题，还能缓解能源短缺的状况，是培育新兴产业、增强国际竞争力、提升国家安全的战略措施。

目前我国 ITS 正在迅速发展成长，在公路、城市交通、水运及航空运输等领域都开展了智能交通系统的建设，其中公路和城市智能交通系统的建设广受关注。城市智能交通系统的智能公交系统、出租车调度系统、智能停车系统、智能交通信号控制系统、城市出行信息服务系统等方面，均有较为出色的应用成果，北京、上海等大城市智能交通系统还历经了奥运会、世博会的考验。在很多地区建立了公路桥梁管理信息系统、高速公路联网监控系统、不停车收费系统、部省道路信息化及联网工程、超限超载联网监控系统、公众出行信息服务系统等。

我国智能交通发展进入一个新的时期，随着中国《交通运输行业智能交通发展战略（2012- 2020 年）》的出台，标志着智能交通已经上升到了国家战略层面。智能交通背后是一条完整的产业链。面对当今世界全球化、信息化发展，智能交通是未来发展的必然选择，我国智能交通行业正处于加速发展阶段，成长性高、盈利确定，未来巨大的市场空间令人期待。

 思考讨论

　　你认为ITS发展与哪些因素有关？说出你的认识。

（三）ITS的体系框架及发展趋势

在交通系统中，人、运输工具、运输工具载体以及客货运输对象是交通系统的基础构成，道路交通是人与货在交通方式间的集疏通道，并与各种交通方式互为补充与竞争。选择运输方式主要考虑成本、时间、效率、便捷程度、舒适性、安全性等因素。交通系统的形成与发展、交通的需求与供给、交通运输方式衔接与换乘需要信息支持，交通信息是交通运转的核心，为政府决策、交通规划、建设、运营者、使用者提供服务，如图10-6所示。

交通系统的可持续发展，与财政投入、供需平衡、服务水平等一致，智能运输系统可提高各种交通方式之间的协调性，充分利用有限的土地、资金资源，实现交通规划与运行、交通工具、交通管理的信息化、智能化，提高交通系统的运行效率。

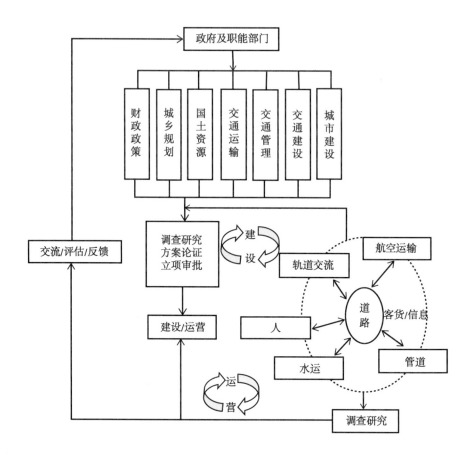

图10-6 政府各职能部门与交通运输方式的关系示意图

1. ITS 体系框架的定义与组成

ITS 体系框架是对复杂系统的整体描述，解释了 ITS 中所包含的各个功能域及其子功能域之间的逻辑、物理构成及相互关系。从开发流程的角度来说，ITS 体系框架开发主要包括用户服务、逻辑框架、物理框架三部分内容，这三部分内容从不同角度对 ITS 进行了解释。用户服务是从用户的角度对 ITS 能提供的服务内容进行描述；逻辑框架是从系统如何实现 ITS 服务的角度进行分析，给出 ITS 应具有的功能及功能之间的数据流关系；物理框架则是把 ITS 逻辑功能落实到现实实体，如车载设备、道路设施、管理中心等设备或组织。由于体系框架各组成都是围绕着用户服务展开的，因此可以从用户服务和其他组成关系的角度来解释各组成的含义，其关系描述见表 10-1。

表10-1 ITS体系框架主要组成与用户服务的关系描述

组成部分名称	描述
用户主体	被服务的对象，明确了服务中的一方
服务主体	提供服务方，明确了服务中的另一方
用户服务	明确用户需要系统提供什么样的服务
逻辑框架	对服务进行功能分解并对逻辑功能进行组织
物理框架	提出物理实体，落实逻辑功能，具体提供服务

（1）用户服务

用户服务是从用户角度对ITS系统提出要求，是问题定义的过程。用户服务是ITS体系框架的基础，它决定了ITS体系框架是否完整，是否满足用户需求。获得完整用户服务首先需要明确系统用户，即用户主体。而用户主体的确定需要以ITS系统与外界的清晰界定为基础，即需要明确ITS系统和系统终端。

（2）逻辑框架

逻辑框架是组织复杂实体和关系的辅助工具，它定义了为提供各项用户服务而必须拥有的功能和必须遵从的规范，同时定义了各功能之间变换的信息和数据流，其重点是功能性处理和信息流情况。它包括功能域、功能、子功能、过程等多个层次及其之间的数据流。逻辑框架是ITS体系框架开发的重要环节，其作用是明确完成用户服务需要的功能支持及功能之间的数据流交互，给出详尽的数据流属性。从用户服务到逻辑框架的转化，是一个不断细化用户服务需求并重新组合的过程，它不仅从宏观上把握了ITS所需功能，而且从微观上对功能进行了重组，由此使得ITS体系框架的构建具有严密的逻辑关系，为物理框架的构建提供了基础。

（3）物理框架

物理框架是ITS的物理视图，它是关于系统应该如何提供用户所要求的功能的物理表述。它是以逻辑框架中的过程和数据流为基础形成的高层框架，定义了组成ITS的实体（子系统和终端），以及各实体间的框架流。物理框架把逻辑框架中给出的过程分配到各子系统中，并且把数据流组合成为框架流，这些框架流和它们之间的通信需求定义了各子系统间的界面，成为目前标准化工作的基础。物理框架是由逻辑框架中的功能进行组合得到的，其组合原则大致完整地包含逻辑功能，与现实世界存在的系统相一致或相似，具有一定的可操作性。

2. ITS 体系框架的开发方法与过程

由于 ITS 涉及面广，关系复杂，故此处借鉴软件工程中的面向对象、面向过程的分析方法说明其开发方法及过程。

（1）开发方法

面向对象分析方法是能模拟人类习惯的思维方式，开发方法与过程接近人类认识世界、解决问题的方法和过程，其把系统划分成相互协作而又彼此独立的对象集合。首先，确定对象或实体及其与其他对象之间的关系；然后，确定每个对象执行的功能，围绕数据对象或实体组织功能，形成单一的相互关联的视图。面

表10-2 面向过程与面向对象的研究方法对比

比较因素	面向过程方法	面向对象方法	比较
思维方式	从功能进程的角度对 ITS 各项服务进行分析，它认为 ITS 由各功能共同作用完成	从 ITS 涉及的对象的角度分析，认为 ITS 系统可由对象及其间关系组成	前者分析起来较为简单，后者则较符合人类认识世界的习惯
更新维护	当修改、新增服务时，需要按照框架开发步骤进行一遍操作，并要与已有内容相融合	当修改、增加服务时，找到相关的对象类型，对其中的内容进行修改	前者更需要涉及整个框架内容的更新，容易遗漏；后者则是针对相关的对象类型更改相关内容，相比之下，后者具有一定优势
逻辑框架部分建模简易程度	主要通过数据流图表现逻辑功能元素及其关系	需要建立对象模型、动态模型、功能模型才可对逻辑功能元素描述清楚	前者较为简单，只相当于后者的功能模型；后者逻辑建模相对复杂
模块化便利性	针对层次清晰的逻辑功能元素进行评价时，需要考虑所对应的用户服务	针对每项用户服务对应的逻辑功能元素进行分析，分析量很大	对逻辑功能元素进行模块化，需要对个逻辑功能元素的物理实现进行多方面分析，工作量上后者大些
物理框架方法			两者在物理框架构建上影响不大

向过程分析是对事物逻辑思考的过程，基本思想就是自上而下地将整个系统划分为若干个子系统，子系统再分子系统（或模块），层层划分，然后再自上而下地逐步设计。系统划分的一般原则是：子系统要具有相对独立性，各子系统之间数据的依赖性尽量小，数据冗余小，而且子系统的设置应考虑今后管理发展的需要，子系统的划分应便于系统分阶段实现。面向过程方法和面向对象方法在 ITS 体系框架构建中的特点见表10-2。

（2）开发过程

美国开发 ITS 体系框架的路线：用户服务—逻辑框架—物理框架。框架的构建路线包括问题定义、需求分析概要设计、维护调整四个过程，实现用户服务与问题定义相对应、逻辑框架与需求分析相对应、物理框架与概要设计相对应、框架修订完善与维护调整相对应。图 10-7 为 ITS 体系框架开发步骤示意图。

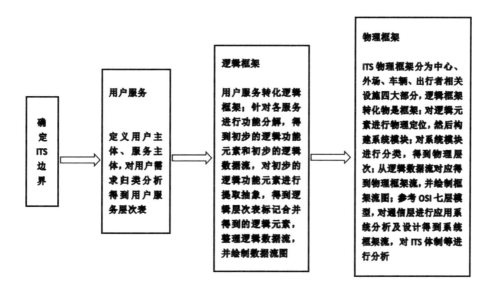

图10-7 ITS体系框架开发步骤示意图

ITS 体系框架具体开发步骤为：

①界定 ITS 系统边界，以终端不分配功能为原则。

②考虑本功能域的用户主体，从用户的角度提出需求，针对用户需求进行归类，制定出服务领域。

③从用户服务到逻辑功能转化。从系统如何实现服务的角度，针对交通信息服务领域中的各子服务进行功能分析。

④整合逻辑功能层次表。按照上述步骤，分别对上述子服务进行功能分析，整合后得到交通基础设施管理逻辑功能层次表。

⑤按照逻辑框架构建步骤，在整合逻辑功能的过程中，对合并而成的逻辑功能进行标记，顺序绘制过程级数据流图、功能级数据流图。

⑥从逻辑框架到物理框架的转化。从实现地点、功能近似、便于集成等方面进行考虑，依靠定性分析的方法进行物理系统模块化，得到交通基础设施管理物理元素层次。

⑦以逻辑框架流和物理框架层次表为基础，对物理框架流进行组合，并绘制框架流图。针对物理框架流需要给出其属性，具体包括 ：包含的数据流、数据内容、可能的通信方式、已有的标准、标准需求等。

⑧应用系统分析。交通基础设施管理所涉及的应用系统有：高等级公路综合信息管理平台、高速公路监控调度系统、高速公路运营管理系统、路政管理系统、养护管理系统。应用系统框架流即各应用系统所包含的系统模块间及系统模块与终端间的框架流。

⑨对 ITS 建设所需社会环境、机构组织等进行研究。

3. ITS 体系框架的研究趋势

随着 ITS 技术的迅猛发展，互联网、电子商务、电子政务、移动互联网、车联网、物联网、云计算、大数据、智慧城市、数字城市、感知城市、无线城市、智能城市等信息化社会建设在现代社会生活中不断涌现和深入，而在这样的背景下，ITS 体系框架研究表现出如下趋势：

第一，ITS 体系框架设计研究工作应充分重视与国家、区域的发展规划间的联系、融合，应充分研究交通领域内汽车运输与其他各种交通方式间的互相配合。

第二，ITS 体系框架设计研究工作应充分重视与其他社会信息化建设项目的体系框架顶层设计的联系、融合与区别，互相促进。

第三，关注高效的移动互联网技术发展是 ITS 体系框架设计研究工作的重要内容。

第四，ITS 体系框架设计研究工作要充分重视云计算、大数据、物联网在 ITS 建设过程中应用的必然性。

 思考讨论

　　说一说，ITS体系框架设计遵循了怎样的逻辑？想一想，这样的逻辑具有普适性吗？

拓展学习

智能设备常见算法之模糊控制算法

（一）模糊控制算法在汽车中的应用

1. 模糊控制

所谓模糊控制，就是对难以用已有规律描述的复杂系统，采用自然语言（如大、中、小）加以叙述，借助定性的、不精确的及模糊的条件语句来表达，模糊控制是一种基于语言的一种智能控制。

2. 为什么采用模糊控制

传统的自动控制器的综合设计都要建立在被控对象准确的数学模型（即传递函数模型或状态空间模型）的基础上，但是在实际中，很多系统的影响因素有很多（如油气混合过程、缸内燃烧过程等），很难找出精确的数学模型。这种情况下，模糊控制的诞生就显得意义重大。因为模糊控制不用建立数学模型，不需要预先知道过程精确的数学模型。

要研制智能化的汽车就离不开模糊控制技术。如汽车空调这一人体舒适度的模糊性和空调复杂系统。

3. 工作原理

模糊控制是以模糊集合理论、模糊语言及模糊逻辑为基础的控制，它是模糊数学在控制系统中的应用，是一种非线性的智能控制。

模糊控制是利用人的知识对控制对象进行控制的一种方法，通常用"if 条件，then 结果"的形式来表现，所以又通俗地称为语言控制。模糊控制一般用于无法以严密的数学表示的控制对象模型，即可利用人（熟练专家）的经验和知识来很好地控制。因此，利用人的智力模糊地进行系统控制的方法就是模糊控制。

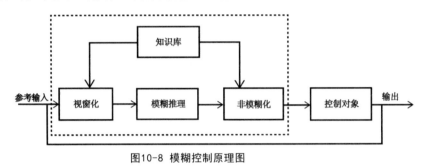

图10-8 模糊控制原理图

4. 模糊控制的特点

模糊控制（Fuzzy Control）是以模糊集合理论、模糊语言变量和模糊逻辑推理为基础的一种计算机数字控制。模糊控制同常规的控制方案相比，主要特点有：

模糊控制只要求掌握现场操作人员或有关专家的经验、知识或操作数据，不需要建立过程的数学模型，所以适用于不易获得精确数学模型的被控过程，或结构参数不很清楚等场合。

模糊控制是一种语言变量控制器，其控制规则只用语言变量的形式定性地表达，不用传递函数与状态方程，只要对人们的经验加以总结，进而从中提炼出规则，直接给出语言变量，再应用推理方法进行观察与控制。

系统的"鲁棒性"强（鲁棒是英文 Robust 的音译，即健壮和强壮的意思。它也是在异常和危险情况下系统生存的能力），尤其适用于时变、非线性、时延系统的控制。

从不同的观点出发，可以设计不同的目标函数，其语言控制规则分别是独立的，但是整个系统的设计可得到总体的协调控制。

模糊控制是处理推理系统和控制系统中不精确和不确定性问题的一种有效方法，同时也构成了智能控制的重要组成部分。

（二）模糊控制在汽车的应用方面

1. 汽车防抱制动系统

汽车防抱制动系统（简称 ABS 系统）实质上是一种制动力的自动调节装置，能大大改善汽车的行驶安全性。汽车在制动过程中，车轮未抱死前，地面制动力始终等于制动器制动力，此时制动器制动力全部转化为地面制动力；车轮抱死后制动力等于地面附着力，不再随制动力的增加而增加。

模糊控制属于智能控制，在被控对象的模糊模型的基础上，运用模糊控制器近似推理手段，实现系统控制。成熟的 ABS 产品都是基于经验的车轮加减速度门限值的控制方法，采用串行的逻辑判断，容易发生逻辑冲突的问题。

而模糊控制将所有逻辑的执行结果在离线的情况下计算出来，形成控制表格并存于计算机中，在线时，不需要逐一的逻辑比较，只要将实际量模糊化后即可找到相应的制的控制量。模糊控制是一种并行方式，各种控制逻辑用规则的方式加以总结可以有效地防止失效。

从目前车用防抱制动系统所采用控制率的特征出发，引入了十分适宜于处理知识语言的模糊控制观点。针对作用于汽车防抱制动系统的类似于逻辑门限值控制的开关控制以及不同模糊控制进行了对比仿真试验，结果表明，模糊控制作用的效果要优于开关控制方法。作用于汽车防抱制动系统的普通模糊控制方法和自适应模糊控制方法的对比仿真试验表明，自适应模糊控制方法在修正自身参数后，可以适应更复杂的外界条件来对汽车防抱制动系统进行有效的控制。

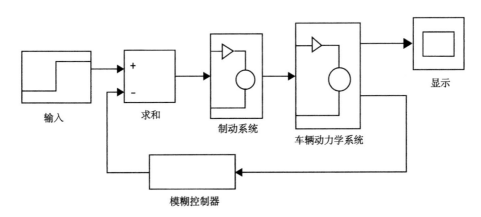

图10-9 ABS 模糊控制模型

2. 汽车巡航系统

在汽车的行驶过程中，由于外界负荷的扰动、汽车质量和传动系效率的不确定性、被控对象的强非线性等因素的影响，采用传统的PID控制方法难以保证在不同的条件下都取得令人满意的控制效果。

汽车巡航控制系统由控制机器、模糊推理机、操纵开关及一些传感器组成。

控制器会接收两个输入信号，一个是驾驶员按要求设定的目标车速，一个是实际车速的反馈信号。控制会检测两个信号之间的偏差，经过计算，产生一个送至节气门执行器的信号，根据信号调节发动机节气门的开度，使车速稳定。

模糊PID控制器可以根据操作人员长期实践积累的经验知识运用控制规则模糊化，然后运用推理对 PID 参数进行在线调整，以取得最佳控制效果。

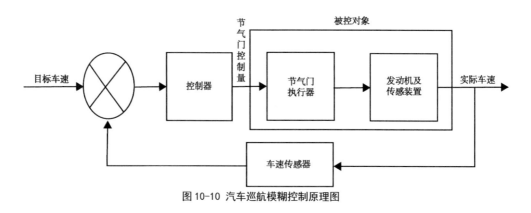

图 10-10 汽车巡航模糊控制原理图

3. 汽车空调

近年来，模糊逻辑控制的家用空调机已进入千家万户。这种空调机综合考虑空气、水、光等自然环境因素、人的生理和心理因素。运用模糊逻辑推理设定空调机适当的工作方式，能够给人创造一个舒适的空气环境。汽车空调的运行工况较之家用空调更加复杂，从烈日炎炎的赤道到寒冷的阿拉斯加，到处都行驶着装有空调的汽车。工况的瞬变性和车型的不同使得运用传统数理方程来建立数学模型变得相当复杂，甚至不可能获得。而且，应用经典和现代控制理论所控制的空调一般只能针对一种车型、一种气候类型的地区，缺乏通用性。模糊控制所具备的无须精确数学模型的特点，为汽车空调自动控制提供理论依据和实现的可能性。

模糊控制器的输入量是温差（驾驶员主观设定的最舒适温度与汽车室内温度的差值）和温差的变化率，输出量为制冷量、控制目标为汽车室内温度。将三个语言变量都分为正大、正中、正小、零、负大、负中和负小七档，根据经验总结出四十九条控制规则，产生一个实时控制规则表。

空调器为典型的传质换热系统，结构和内部物理过程复杂，难以建立精确的数学模型。汽车空调由于工作条件多变，用传统的控制方法（如 PID 控制）难以获得较好的控制效果。对于环境干扰，"鲁棒性"好的汽车空调能够抑制非线性因素对控制器的影响。

 讨论与分享

　　如果你是我国交通系统智能化的总工程师，你在将交通系统智能化的过程当中会做怎样安排设计和考虑，使其具有真实的可实施性？明确你的着手点及可能的实施过程。

第三节 智能工厂简述

 问题引入

> 你认为的智能工厂中什么是智能的？什么样子的工厂才可以被称为智能工厂？

　　智能工厂是当今工厂在设备智能化、管理现代化、信息计算机化的基础上达到的新阶段，其内容不但包含上述智能设备和自动化系统的集成，还涵盖了企业管理信息系统的全部内容。智能工厂的发展是智能工业发展的新方向，其特征在制造生产上表现为系统具有自主管理能力、整体可视技术的实践、协调重组及扩充特性、自我学习及维护能力、人机共存。对于许多复杂的智能工厂设备的控制方法，很难建立有效的数学模型，也难以用常规的控制理论去进行定量计算和分析，必须采用定量方法与定性方法相结合的控制方式，即由机器用类似于人的智慧和经验来引导求解过程，常见的算法包括模糊控制算法、人工神经网络算法和粒子群算法等。

一、智能工厂的定义

　　随着新一轮工业革命的发展，工业转型的呼声日渐高涨。面对信息技术和工业技术的革新浪潮，德国率先提出了"工业 4.0 战略"，美国也出台了"先进制造业回流计划"，中国加紧推进工业化和信息化的深度融合，并发布了"中国制造2025 战略"。这些战略的核心都是利用新兴信息化技术来提升工业的智能化应用水平，进而提升工业在全球市场的竞争力。

　　智能工厂正是在此背景下出现的新生事物，对于它的定义，目前工业界普遍可以接受的是：智能工厂是以实施智能制造为任务的现代化工厂、数字化工厂。

　　显然，智能工厂是在数字化工厂的基础上，利用物联网技术和监控技术加强信息管理服务，提高设备智能化、生产过程可控性、减少生产线人工干预，以及合理计划流程；同时，它集新产品、新技术于一体，并被构建成为高效、节能、绿色、环保、舒适的人性化工厂。

　　智能工厂已经具有了自主管理能力，可采集、分析、判断、规划；通过整体可视技术进行推理预测,利用仿真及多媒体技术,将系统扩增展示设计与制造过程。智能工厂各组成部分可自行组成最佳系统结构,具备协调、重组及扩充特性,已系统具备了自我学习、自行维护能力。因此,智能工厂实现了人与机器的相互协调合作,其本质是人机交互。

二、智能工厂的特征

智能制造不只是针对生产端,衡量标准也不仅仅是自动化率,其关键还要发挥人的智慧,孕育崭新的制造模式,实现效率最大化。智能工厂追求的不是单纯的"智能",而是"智慧"。拼投资、拼装备来提升工厂的自动化水平并不难,但衡量一个工厂是否先进,不是看谁投资大、谁的自动化率高,而是要看谁能充分发挥人的智慧,通过人与自动化设备的有机协作,实现资源占用得最小、效率发挥得最大。智能制造不是简单的"给机器装上大脑"。机器并不是万能的,让人与自动化设备有机协作,取长补短,达成资源与效率的平衡,才是智能制造的关键。和传统的制造相比,智能制造具有以下特征:

(一)自律能力

自律能力即搜集与理解环境信息和自身信息,并进行分析判断和规划自身行为的能力。具有自律能力的设备称为智能机器,智能机器在一定程度上表现出独立性、自主性和个性,甚至相互间还能协调运作与竞争。强有力的知识库和基于知识的模型是自律能力的基础。

(二)人机一体化

人机一体化一方面突出人在制造系统中的核心地位,另一方面在智能设备的配合下,更好地发挥出人的潜能,使人机之间表现出一种平等共事、相互理解、相互协作的关系,使两者在不同的层次上各显其能、相辅相成。因此,在智能制造系统中,高素质、高智能的人将发挥更好的作用,机器智能和人的智能将真正地集成在一起,互相配合,相得益彰。

(三)虚拟现实技术

虚拟现实技术是实现虚拟制造的支持技术,也是实现高水平人机一体化的关键技术之一。虚拟现实技术以计算机为基础,融信号处理、动画技术、智能推理、预测、仿真和多媒体技术为一体;借助各种音像和传感装置,虚拟展示现实生活中的各种过程、物件等，因而也能模拟制造过程和未来的产品，从感官和视觉上使人获得完全如同真实的感受。但其特点是可以按照人们的意愿任意变化，这种人机结合的新一代智能界面，是智能制造的一个显著特征。

（四）自组织与超柔性

智能制造系统中的各组成单元能够依据工作任务的需要，自行组成一种最佳结构，其柔性不仅表现在运行方式上，而且表现在结构形式上，人们称这种柔性为超柔性，如同一群人类专家组成的群体，具有生物特征。

（五）学习能力与自我维护能力

智能制造系统能够在实践中不断地充实知识库，具有自学习功能。同时，它能在运行过程中自行诊断故障，并具备对故障自行排除、自行维护的能力。这种特征使智能制造系统能够自我优化并适应各种复杂的环境。

三、智能工厂的企业建模理论

（一）三维立方体企业模型

企业建模是一种全新的企业经营管理模式，它可为企业提供一个框架结构，以确保企业的应用系统与企业经常改进的业务流程紧密匹配。企业建模以分析方法和建模工具为主体，其参考模型的建立及建模工具的研制，是当前帮助企业不断缩短产品开发时间、提高产品质量、降低成本、提高服务层次的重要手段。残酷的市场竞争是现在几乎所有企业面临的最大挑战，同时也给善于运用科学手段完善经营管理的企业带来了机会。为了在市场竞争中获得更高的回报，很多企业都在不断地进行内部改造，由此产生了诸如 JIT（Just In Time，即准时生产制）、TQM（Total Quality Management，即全面质量管理）、TCM（Time Compress Management，即时间压缩管理）、FCR（Fast Cycle Response，即快速反应周期）等经营管理体系，为了实施这些理论，MRP（Material Requirement Planning，即物资需求计划）、ERP（Enterprise Resource Planning，即企业资源计划）、MRP II（Manufacture Resource Plan，即制造资源计划）、CIMS（Computer/contemporary Integrated Manufacturing Systems，即计算机／现代集成制造系统）被更多的企业认知并运用，但是在添置计算机、架构自己的企业网络、采购大型数据库系统和先进设备后，企业并没有获得预期的效益。

管理体制在不断地变化，管理思想体系在几轮冲刷后也得到升华。现在，

BPR（Business Process Re-Engineering，业务流程再造）体系被越来越多的企业采用，于是如何适应企业在实施 BPR 时诱发的业务不断变化和持续发展，成为经营管理方法是否科学有效的关键。

从企业组织形态上看，企业是由不同业务部门组成的，换一个角度从企业业务环节上看，企业包括复杂的业务流转系统（由供应链子系统、客户关系管理子系统等构成）、设计系统、生产制造系统，企业的业务环节中存在大量的信息作为其运行基础，而不同的信息又在不同的业务环节中发挥不同的作用。就目前而言，我们要分析这个复杂的系统，除了需要企业的经营管理者和研究人员付出激情、勇气、智慧和耐心外，更要借助科学的手段、有效的数学工具和先进的计算技术，来构造一个可以解释和反映企业外部行为表现及内在本质的模型。如图 10-11 为三维立方体企业模型，该体系结构的每个侧面描述了企业建模关心的不同阶段、不同视图和不同建模构件的通用性程度。

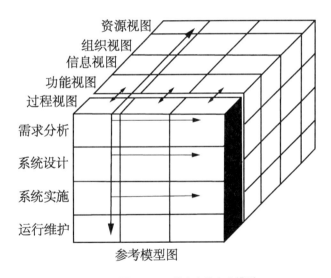

图 10-11 三维立方体企业模型

1. 生命周期维

生命周期维是指建立企业需求分析、系统设计、系统实施和运行维护四个阶段的建模方法学，并确定各阶段的研究重点和不同建模阶段之间的模型映射方法。它包含需求分析、系统设计、系统实施和运行维护四个重要部分。

2. 视图模型维

视图模型维是指研究集成化的企业建模视图结构，该系统以过程视图（工作流模型）为核心，其他视图（功能视图、信息视图、组织视图、资源视图）为辅助视图来统一集成建模，最终形成具有一定柔性的动态企业模型。

3. 通用性层次维

通用性层次维研究不同建模阶段、不同建模视图的基本构件形式，从而建立基本构件模型库，并以不同的行业为背景建立企业参考模型，并在企业中建立专用的企业特定模型。

（二）工作流模型

工作流模型是对智能工厂工作流的抽象表示，并要保证流程含义的正确性、数据的一致性和流程的可靠性。建立的模型不仅仅能够有正确的语意，而且能提供一个由分析模型到投入实际实施模型的转换接口，从而使得该模型能够被企业实际应用的工作流管理系统执行。为此，工作流管理联盟定义了描述工作流模型的模型，即工作流元模型。

工作流元模型需要对工作流程进行定义，并要反映工厂中业务过程的目的、完成这个业务需要的功能操作、过程的执行转换条件（规定业务规则和操作的顺序）、所需资源和相关数据。对于一个可以执行的工作流模型，还要指出该模型需要激活的应用程序。图 10-12 给出了工作流元模型，它由六个模块组成。

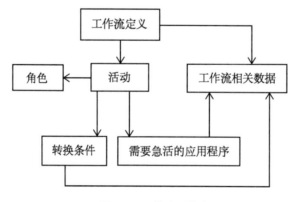

图10-12 工作流元模型

工作流定义（过程模型）：一般包含诸如工作流模型名称、版本号、过程启动和终止条件、系统安全、监控和控制信息等一系列基本属性。它反映了一个企业经营过程的目的，即这个过程要实现的目的和最终目的是什么。

活动：主要属性有活动名称、活动类型、活动前／后条件、调度约束参数等。当工作流运行在分布的环境下时，在活动的属性中还应包括执行该活动的工作流机的位置。活动对应于企业经营过程中的任务，主要反映完成企业经营过程需要执行哪些功能操作。

转换条件：主要负责为过程实例的推进提供导航依据，主要参数包括工作流过程条件（flow condition，即过程实例向前推进的条件，可以认为是前/后条件的同义词）、执行条件（execution condition，即执行某个活动的条件）和通知条件（notification condition，即通知不同用户的条件）。转换条件对应于企业经营过程中的业务规则和操作顺序，例如，在订单处理完成后指定生产计划。

工作流相关数据：工作流根据工作流相关数据和转换条件进行推进，工作流相关数据的属性包括数据名称、数据类型和数据值等。它是工作流相关执行任务推进的依据，例如，在银行贷款申请表处理后，根据申请贷款的值决定下一个执行活动是什么。

角色：主要属性包括角色的名称、组织实体、角色的能力等。角色或组织实体决定了参与某个活动的人员或组织单元。它主要描述企业经营过程中参与操作的人员与组织单元。

需要激活的应用程序：主要属性包括应用程序的类型、名称、路径及运行参数。它主要描述了用于完成企业经营过程所采用的工具或手段。例如，采用ERP软件或决策支持软件完成某个具体的企业业务功能。

通过以上分析可以得出：工作流定义与活动、工作流相关数据之间是一对多的关系，即一个工作流定义由多个活动与多个工作流相关数据组成。活动、资源、工作流相关数据、需要激活的应用程序、转换条件之间都是多对多的对应关系。

四、智能工厂设备的配置原则

（一）具有网络化功能的设备

在离散制造企业车间，数控车、铣、刨、磨、铸、锻、铆、焊、加工中心等是主要的生产资源。在智能制造过程中，必须将所有的设备及工位统一联网管理，使设备与设备之间、设备与计算机之间能够联网通信，设备与工位人员紧密关联。

（二）能适应生产现场无人化的设备

智能工厂推动了工业机器人、机械手臂等智能设备的广泛应用，使工厂无人化制造成为可能。在离散制造企业生产现场，数控加工中心、智能机器人和三坐标测量仪及其他所有柔性化制造单元进行自动化生产调度，工件、物料、刀具进行自动化装卸调度，可以达到无人值守的全自动化生产模式。

在不间断单元自动化生产的情况下，这些智能设备需要管理生产任务的优先和暂缓，远程查看管理单元内的生产状态情况，如果生产中遇到问题，一旦解决，立即恢复自动化生产，整个生产过程无须人工参与，真正实现"无人"智能生产。

（三）具有"神经"系统的设备

智能工厂一般都可以通过制造工艺的仿真优化、数字化控制、状态信息实时监测和自适应控制，进而实现整个过程的智能管控。在机械、汽车、航空、船舶、轻工、家用电器和电子信息等离散制造行业，企业发展智能制造的核心目的是拓展产品价值空间，侧重从单台设备自动化和产品智能化入手，基于生产效率和产品效能的提升实现价值增长。因此，智能工厂建设模式为了推进生产设备（生产线）智能化，通过引进各类符合生产所需的智能装备，建立基于制造执行系统 MES（Manufacturing Execution System，一套面向制造企业车间执行层的生产信息化管理系统）的车间级智能生产单元，以提高精准制造、敏捷制造、透明制造的能力。

离散制造企业生产现场，MES 在实现生产过程的自动化、智能化、数字化等方面发挥着巨大作用。首先，MES 借助信息传递对从订单下达到产品完成的整个生产过程进行优化管理，减少企业内部无附加值活动，有效地指导工厂生产运作过程，提高企业及时交货能力。其次，MES 在企业和供应链间以双向交互的形式提供生产活动的基础信息，使计划、生产、资源三者密切配合，从而确保决策者和各级管理者可以在最短的时间内掌握生产现场的变化，做出准确的判断并制定快速的应对措施，保证生产计划得到合理而快速的修正，生产流程畅通，资源充分有效地得到利用，进而最大限度地发挥生产效率。

（四）能进行数据分析的设备

在生产现场，每隔几秒就收集一次数据，利用这些数据可以实现很多形式的分析，包括设备开机率、主轴运转率、主轴负载率、运行率、故障率、生产率、设备综合利用率、零部件合格率、质量百分比等。首先，在生产工艺改进方面，在生产过程中使用这些大数据，就能分析整个生产流程，了解每个环节是如何执行的。一旦有某个流程偏离了标准工艺，就会产生一个报警信号，能更快速地发现错误或瓶颈所在，也就能更容易解决问题。利用大数据技术，还可以对产品的生产过程建立虚拟模型，仿真并优化生产流程，当所有流程和绩效数据都能在系统中重建时，这种透明度将有助于制造企业改进其生产流程。再如，在能耗分析方面，在设备生产过程中利用传感器集中监控所有的生产流程，能够发现能耗的异常或峰值情形，由此便可在生产过程中优化能源的消耗。对所有流程进行分析将会大大降低能耗。

五、智能工厂设备的技术特征

（一）新型传感技术

新型传感技术包括具备高传感灵敏度、高精度、高可靠性和较高环境适应性的传感技术，采用新原理、新材料、新工艺的传感技术（如量子测量、纳米聚合物传感、光纤传感等），以及微弱传感信号提取与处理技术。

（二）模块化、嵌入式技术

模块化、嵌入式技术包括不同结构的模块化硬件设计技术，微内核操作系统和开放式系统软件技术，组态语言和人机界面技术，以及实现统一数据格式、统一编程环境的工程软件平台技术。

（三）先进控制与优化技术

先进控制与优化技术包括工业过程多层次性能评估技术，基于海量数据的建模技术，大规模高性能多目标优化技术，大型复杂装备系统仿真技术，高阶导数连续运动规划、电子传动等精密运动控制技术。

（四）系统协同技术

系统协同技术包括大型制造工程项目复杂自动化系统整体方案设计技术及安装调试技术，统一操作界面和工程工具的设计技术，统一事件序列和报警处理技术，一体化资产管理技术。

（五）故障诊断技术

故障诊断技术包括在线或远程状态监测与故障诊断、自愈合调控与损伤智能识别及健康维护技术，重大装备的寿命测试和剩余寿命预测技术，可靠性与寿命评估技术。

（六）高可靠网络技术

高可靠网络技术包括嵌入式互联网技术、高可靠无线通信网络构建技术、工业通信网络信息安全技术和异构通信网络间信息无缝交换技术。

 思考讨论

　　智能工厂相比于传统工厂，有哪些优势？

　　智能工厂强调人机的高效配合，你认为在未来会不会发展成为机器与机器的配合？如果未来可以实现，你认为在现今已有的科学技术基础之上还需要哪些发展？

 拓展学习

智能设备常见算法之人工神经网络（ANN）算法

人工神经网络（Artificial Neural Networks，简称 ANN）算法是一种普遍而且实用的方法，在样例中学习值为实数、离散或向量的函数。ANN 算法对于训练数据中的错误鲁棒性很好，且已经成功地应用到智能工厂中的很多领域，如 PID 控制、噪声分类、振动分析、机器人控制等。

（一）人工神经网络的定义

人工神经网络是由大量处理单元（人工神经元）广泛互连而成的网络，是对人脑的抽象、简化和模拟，反映人脑的基本特征。它按照一定的学习规则，通过对大量样本数据的学习和训练，抽象出样本数据间的特性网络掌握的"知识"，把

这些"知识"以神经元之间的连接权和阈值的形式储存下来,利用这些"知识"可以实现某种人脑的推理、判断等功能。

一个神经网络的特性和功能取决于三个要素:构成神经网络的基本单元,即神经元;神经元之间的连续方式,即神经网络的拓扑结构;用于神经网络学习和训练,修正神经元之间的连接权值和阈值的学习规则。

（二）神经元

人工神经元是对生物神经元功能的模拟。人的大脑中大约含有 101 个生物神经元,生物神经元以细胞体为主体,有许多向周围延伸的不规则树枝状纤维构成的神经细胞,其形状很像一棵枯树的枝干。生物神经元主要由细胞体、树突、轴突和突触组成,如图 10-13 所示。

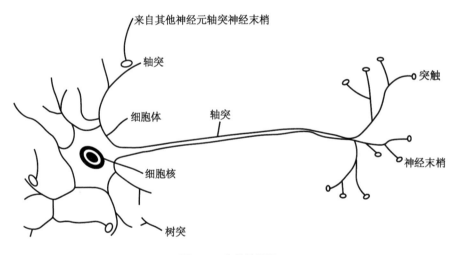

图 10-13 生物神经元

生物神经元通过突触接收和传递信息。在突触的接收侧,信号被送入细胞体,这些信号在细胞体里被综合。其中有的信号起刺激作用,有的起抑制作用。当细胞体中接收的累加刺激超过一个阈值时,细胞体就被激发,此时它将通过枝蔓向其他神经元发出信号。

（三）网络的拓扑结构

单个人工神经元的功能是简单的，只有通过一定的方式将大量的人工神经元广泛连接起来，组成庞大的人工神经网络，才能实现对复杂的信息进行处理和存储，并表现出不同的优越特性。根据神经元之间连接的拓扑结构上的不同，将人工神经网络结构分为两大类，即层次型人工神经网络和互连型人工神经网络。层次型人工神经网络将神经元按功能的不同分为若干层，一般有输入层、中间层（隐层）和输出层，各层顺序连接，如图 10-14 所示。输入层接收外部的信号，并由各输入单元传递给直接相连的中间层各个神经元。中间层是网络的内部处理单元层，它与外部没有直接连接。神经网络所具有的模式变换能力，如模式分类、模式完善、特征提取等，主要是在中间层进行的。根据处理功能的不同，中间层可以是一层的，

中间层单元不直接与外部输入/输出进行信息交换，因此常将神经网络的中间层称为隐层，或隐含层、隐藏层等。输出层是网络输出运行结果并与显示设备或执行机构相连接的部分。

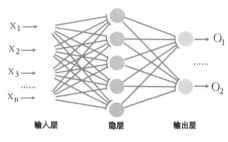

图10-14 层次型神经网络拓扑结构

更多关于神经网络的学习，可以扫描如下二维码。同学们也可以课下查找相关资料进行学习。

 讨论与分享

　　说一说，智能工厂设备的配置原则及技术特征。
　　依据你的理解，说一说，智能工厂的企业建模理论本质依据是什么？这对你有怎样启示？

第四节 智能家居简述

 问题引入

> 说一说，什么叫智能家居？
> 如果给你一个机会将生活中的一些事物替换成智能产品，你最想替换什么？为什么？你希望替换后的智能产品具有哪些功能？这些功能在现实中能否实现？

智能家居是在物联网环境下的物联化应用，具备网络通信、智能家电与设备自动化等功能。智能家居为集系统、结构、管理、服务于一体的高效、快捷、安全、环保的居住环境，它为人们提供全方位信息交互的功能，同时支持家庭与外部环境信息的交流，既增强了人们家居生活的安全性、舒适性，还能节约成本、低耗环保。

一、智能家居起源

智能家居的概念最早出现在美国，1984 年，首栋"智能型建筑"在美国出现，将建筑设备自动化、整合化概念应用于美国康涅狄格州哈特佛市的城市建筑中，揭开了全世界建造智能家居的序幕。

从智能家居概念的提出到智能家居实体的面世，大致经历了以下三个阶段：

第一阶段：住宅电子化（Electronic Housing）。

20 世纪 80 年代初期，随着智能电子产品的大量应用，诞生了住宅电子化（Electronic Housing）的概念。

第二阶段：住宅自动化（Home Automation）。

20 世纪 80 年代中期，随着智能电子产品的多种功能集成与综合应用，形成了住宅自动化（Home Automation）的概念。

第三阶段：智能家居（Smart Home）。

20 世纪 80 年代末期，随着通信与信息技术的快速发展，催生对各种智能电子产品系统进行监视、控制与管理的智能控制系统，在美国被称为 Smart Home，也就是现在智能家居的原型。

二、智能家居系统的定义

智能家居是一种理想化的居住环境，它集智能安防监控系统、智能照明控制系统、智能家电控制系统、背景音乐系统、家庭影院系统以及环境控制系统于一体，通过配套的软件，能够实现本地或远程的集中控制。

智能家居以住宅为平台，是综合布线技术、网络通信技术、安全防范技术、自动控制技术、音视频技术等相关技术的集成体，是一种高效的住宅设施与家庭日常事务的管理系统。

智能家居又称智能住宅，关于智能家居的称谓多种多样，如家庭自动化（Home Automation）、数字家庭（Digital Family）、家庭网络（Home Net Networks for Home）、网络家电（Network Appliance）、智能化家庭（Intelligent Home）等，这些概念既相互关联，但其所包含的内容又不尽相同。

家庭自动化是指利用微电子技术，来集成或控制家中的电子电器产品或系统，如照明灯、计算机设备、安保系统、暖气及冷气系统、影音系统等，其核心部件是一个中央微处理机。

数字家庭是指以计算机网络技术为基础，各种家电进行通信及数据交换，实现家电之间的互联互通，使人们足不出户就可以方便、快捷地获取信息，从而极大地提高舒适性和娱乐性。

家庭网络是指集家庭控制网络和多媒体信息网络于一体的家庭信息化平台，能在家庭范围内实现信息设备、通信设备、娱乐设备、家用电器、自动化设备、照明设备、安保装置、监控装置及水电气热表设备、家庭求助报警设备的互联和管理，并且进行数据和多媒体信息的共享。

网络家电是一种具有信息互联互通、互操作特征的家电终端产品。现阶段，网络家电的主要实现方法是利用数字技术、网络技术及智能控制技术设计和改造普通家用电器。

智能化家庭首先指的是一个家庭，这个家庭更加智能化，更加人性化，更加舒适化。通过对家庭的电器、音响等设备的智能化控制，给人们带来非凡的生活体验，实现真正意义上的智能化。

目前，通常把智能家居系统定义为利用计算机、网络和综合布线技术，通过物联网技术将家中的多种设备，如照明设备、音视频设备、家用电器、安防监控设备、窗帘设备等连接到一起，并提供多种智能控制方式的管理系统。

三、智能家居系统的特点和应用

（一）智能家居系统的特点

由于智能家居系统产品种类比较多，并且不断有新技术进入智能家居这个领域，因此业界对于智能家居的定义众说纷纭。但是无论如何定义智能家居，智能家居都具有以下特点：

1. 控制系统多样化

智能家居系统由多个子系统组成，能够集中控制，设备功能主要是由控制系统决定。现如今，智能家居控制系统多种多样，灵活性强，用户可根据自身的需求，选用最合适的控制系统，减少或者增加系统，达到高效的应用。

2. 操作管理方便

智能家居设备可通过配套的智能终端进行本地控制，也可通过手机、平板计算机等终端进行本地和远程控制，操作简单，管理方便，能让用户更好地体验智能家居带来的便利。

3. 控制功能丰富

智能家居控制系统功能丰富，有离家模式、回家模式、会客模式等，也可根据自身需求设置阅读模式、娱乐模式、浪漫模式等，多样化的模式能满足不同的生活需求，用户在使用控制功能时，可根据需求随意调节。

4. 资源共享

智能家居系统可进行资源共享，如将家庭的温度、湿度等数据信息发布到网上，为环境监测提供有效的信息。

5. 安装方便

智能家居设备安装方便，可直接替换原有设备，无须重新布线，无线设备可根据用户需求安装在家中任何位置，安全便捷。

6. 以家庭网络为基础

无论是早期西屋电气公司的工程师吉姆·萨瑟兰的家庭自动化系统，还是后来的 X-10，以及发展到现在的 ZigBee、Wi-Fi 等，智能家居都是以家庭网络为基础，借助家庭网络设备实现信息互联。

7. 以设备互操作为条件

智能家居系统是将家庭中各种通信设备、家用电器和家庭安保装置，通过家庭网络实现集中的本地或远程监视、控制和管理，并保持这些家庭设施与住宅环境协调工作的系统。接入家庭网络的设备，不仅支持设备之间信息的连通，还应支持控制终端设备与接入设备能够相互识别与操作，只有这样，才能真正实现智能家居的预期功能。

8. 以提升家居的生活质量为目的

进入 21 世纪，各种新技术大量涌现，在智能家居领域出现了诸多新产品。消费者追求的不是日渐成熟的技术，而是一种生活品质的提升，因此智能家居的主要目的在于为住户提供安全、便利、舒适的家居环境，提高人们的生活质量。

（二）智能家居的主要应用系统

智能家居系统就是把各个子系统整合管理控制，一般的智能家居系统需要整合以下八大系统：

1. 网络综合布线系统

网络综合布线系统是通过网络双绞线、电缆、光缆、音频线、视频线、控制线等，把住宅内部的全部子系统或者模块集中在一个控制器上或一个控制系统中，通过手机、平板计算机等终端设备控制和管理。

2. 智能照明系统

智能照明系统实现对住宅全部灯光的智能管理，包括定时延时控制、计算机本地及互联网远程控制等。例如，使用手机、平板计算机等对灯光进行控制，实现遥控开关、灯光调光和一键场景等功能。

3. 安防监控系统

智能家居的核心在于提供安全、舒适和健康的生活环境，因此，安防监控系统是一个非常重要的子系统。

安防监控系统包括门禁系统、入侵报警系统、视频监控系统等。其中门禁系统主要是进行访客识别，控制人员的出入，同时该系统加快了智能锁的应用和普及，使得门禁系统具备防盗报警功能，起到保障家居安全的作用。

入侵报警系统主要是各种探测器的使用，诸如人体红外探测器，可通过探测工作范围内的人物的移动，预防不法分子的入侵，起到防盗作用，保证家庭财产和人身安全。烟感报警器、可燃气体报警器、水浸探测器等主要监测家庭内部安全隐患，及时发现，及时预防。

视频监控系统主要是摄像机的使用，方便用户远程实时查看家中情况，如看护老人和孩童等，保障家人安全。

4. 背景音乐系统

家庭背景音乐是一种新型背景音乐系统。简单地说，在任何一间房子中，均可布上背景音乐线，通过 1 个或多个音源，让每个房间都能听到美妙的音乐。

结合配套产品，用最低的成本，实现各房间独立的遥控选择背景音乐信号源，也可对每个房间音频和视频信号进行共享。该系统可以远程开机、关机、换台、快进、快退等，是音视频、背景音乐共享最佳的实现方式。

5. 家庭影院系统

在家庭环境中搭建的一个可欣赏电影以及享受音乐的系统，称为家庭影院系统。家庭影院系统可让用户在家即可直接欣赏影院效果的电影，让用户对于智能家居有更直观的体验。

6. 电器控制系统

电器控制系统是指用手机、平板计算机等实现对家用电器的控制，控制方式包括遥控和定时控制等，受控电器包括饮水机、插座、空调、地暖、电视机等。例如，控制饮水机不要在夜间反复加热影响水质，控制电器开关或者插座避免安全隐患，控制空调或者地暖提供舒适温度等。

7. 环境控制系统

环境控制系统可分为两部分：第一部分是根据室内的环境，启动空气净化器、加湿器、新风系统等设备；第二部分则是根据室外环境，通过控制窗帘、窗户开关等设备，调节室内光线、温度等环境因素，让环境更舒适健康。

8. 智能控制系统

智能控制系统是指具有智能家居系统控制功能的控制器硬件和软件，通过控制主机实现对各种终端产品的控制。

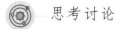

思考讨论

想一想，现今智能家居的特点依托的是什么？

说一说，智能家居的应用系统区分是根据什么进行划分的？

拓展学习

智能设备常见算法之粒子群（PSO）算法

在智能工厂设备应用中，粒子群（PSO）算法在函数优化、神经网络训练、调度问题、故障诊断、建模分析、电力系统优化设计、模式识别、图像处理、数据挖掘等众多领域中均有相关的研究应用报道，取得了良好的实际应用效果。

（一）粒子群算法基本原理

粒子群算法可以追溯到 1987 年 Reynolds 对鸟群社会系统 Boids（Reynolds 对其仿真鸟群系统的命名）系统的仿真研究，在鸟类仿真中，Boids 系统采取了下面三条简单的规则：

飞离最近的个体（鸟），避免与其发生碰撞冲突。

尽量使自己与周围的鸟保持速度一致。

尽量试图向自己认为的群体中心靠近。

虽然只有三条规则，但 Boids 系统已经表现出非常逼真的群体聚集行为。但 Reynolds 仅仅实现了该仿真，并无实用价值。

1995 年，Kenned 和 Eberhart 在 Reynolds 等人的研究基础上，创造性地提出了粒子群优化算法，即在 Boids 系统中加入了一个特定点，并将其定义为食物，每只鸟根据周围鸟的觅食行为来搜寻食物，其初衷是希望模拟研究鸟群觅食行为，但实验结果却显示这个仿真模型蕴含着很强的优化能力，尤其是在多维空间中的寻优。最初仿真时，每只鸟在计算机屏幕上显示为一个点，而"点"在数学领域具有多种意义，于是用"粒子（particle）"来称呼每个个体，这样就产生了基本的粒子群算法。

（二）基本 PSO 算法

基本 PSO 算法步骤如下：

第一，粒子群初始化。

第二，根据目标函数计算各粒子适应度值，并初始化个体、全局最优值。

第三，判断是否满足终止条件，是则搜索停止，输出搜索结果；否则继续下一步。

第四，根据速度、位置更新公式，更新各粒子的速度和位置。

第五，根据目标函数计算各粒子适应度值。

第六，更新各粒子历史最优值及全局最优值。

第七，跳转至第三步。

对于终止条件，通常可以设置为适应值误差达到预设要求，或迭代次数超过最大允许迭代次数。

 讨论与分享

　　智能家居的出现给我们的生活带来了哪些便利？
　　试想一下，智能家居在未来将会发展到什么样的程度？

第五节 评估与总结

 评估测试题

1. 对于智能城市、智能交通、智能工厂、智能家居，你有怎样新的认知？

_____

_____

_____

2. 总结出你在这个章节中学习到的知识和能力。

_____

_____

_____

本章总结

说一说，你在这章中学习到了哪些知识和内容？

_____

_____

_____

第十一章　3D建模软件学习

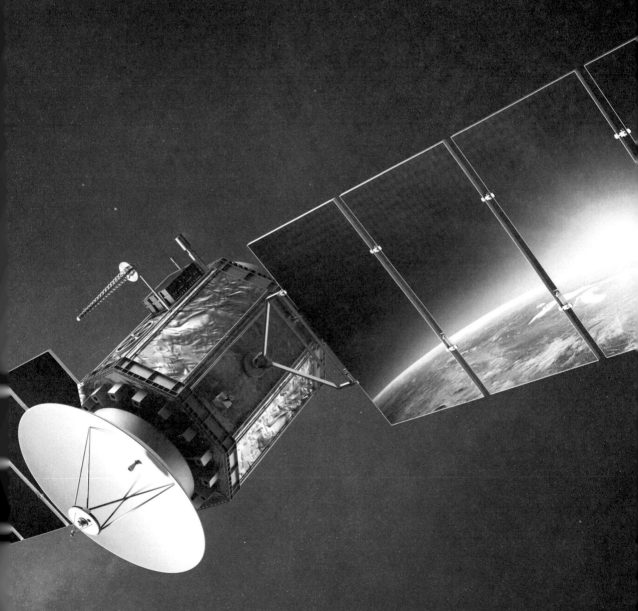

第一节 软件基本功能的学习及练习

　　本节课以电脑为载体进行学习，需要学习的内容有：3D 打印技术简介；3D 建模软件简介；3D One 软件安装及界面介绍；3D One 软件使用。（详细指导内容教师及学生可以扫描下面的二维码进行学习。）

 讨论与分享

　　　通过本节内容的学习，你获取了哪些新知识？

第二节 设计并绘出个性化的3D模型

本节课以电脑为载体进行学习，需要学习的内容有：小车建模；小船建模。（详细指导内容教师及学生可以扫描下面的二维码进行学习。）

 讨论与分享

通过本节内容的学习，你获取了哪些新知识？

第三节 3D打印实操

本节课以电脑为载体进行学习，需要学习的内容有：3D打印机的组成及打印原理；3D打印软件与使用；3D打印机使用；3D打印质量优化（可包含可不包含）。（详细指导内容教师及学生可以扫描下面的二维码进行学习。）

 讨论与分享

通过本节内容的学习，你获取了哪些新知识？

第十二章
AI的设计及应用——交通

在第二章，我们已经学习过了现阶段智能交通的实际表现形式，比如说，人工智能应用在交通系统中是完全基于现在人工智能的发展现状及现阶段二维交通的基础上，即使飞机的飞行是可以看成三维空间中的交通，但飞机的空中飞行并不能是严格意义上的三维空间交通网，因为飞机不能实现随时到达在三维空间中的任一点。所以本章节的目的是希望同学们可以打开思维，在一定的理论基础知识上打开交通系统的运行维度，想办法将超前的智能想象以一种相对合理的方式将其实现。（如果在这其中应用到现阶段的科技达不到的技术，同学们可以根据需求对该技术进行合理定义和说明。）

科学的幻想归根结底是科学和技术的大胆创造。

——费定

第一节 未来智能城市的道路系统

 问题引入

　　你心目中未来智能城市道路是什么样子的？能否实现？你希望未来智能城市道路得以实现吗？对此你应该做怎样的努力？

 小组活动

活动主题：

未来智能城市道路系统。

活动要求：

以工程思维和设计思维为设计指导基础，以 3D 建模及 3D 打印为呈现载体，附详细的设计过程和思想，建设可能的过程（包含工程建设的整个过程、人力、物力、时间、技术等具体实施过程），功能（重点突出未来智能城市道路系统设计要解决的问题），优点等的介绍，最终完成未来智能城市道路系统设计和建设。

活动建议：

学生根据自己的需求或者想要解决的问题进行设计，并使用 3D 建模软件将其制作出来。

可以给到设计参照以《AI 未来之城设计（上）》中的交通设计为基础，加入人工智能要素，将其进行优化（三维道路设计），建立更为合适的交通秩序；使其更环保、更便捷、更人性化、最大限度地节省人类出行时间，尽可能地提升交通设计美感，让长途行驶的人视野更加多样化、趣味化、知识化等。

用 3D 建模设计未来智能城市道路系统，并在旁边明确说明其功能作用和可能的运行方式，如果涉及现今不存在的设备或者设施，需要对其进行功能和作用的明确说明。

将解释说明和赋予的智能方面想法做好记录，以便之后的论文整理。

（可以以此为设计方向但不限于此。如果精力允许，希望学生在课下的时候查阅相关的文献资料，扩充自己的设计和想法，使得设计更加具有科学性和可实施性。）

活动过程：

小组讨论，对创作主题进行深刻的解读和讨论，明确未来智能城市交通系统想要解决的主要问题，确定未来智能城市设计大小与真实情况的比例关系。

组长做好人员及工作的分配，尽量以最优的形式最高的效率将未来智能城市交通系统设计出来。

活动成果：

完成 3D 建模设计，以书面表达的形式形成对于设计的未来智能城市交通设计的设计过程和思想、建设可能的过程、功能、优点等文字内容解释描述。

活动时长：

建议 35 ～ 40 分钟。

 讨论与分享

对于未来智能城市交通系统设计，你们在设计的过程中有哪些收获？查阅了哪些资料？这些资料对于你们设计的过程中有哪些帮助？

第二节 未来智能汽车

 问题引入

说一说，现在汽车都包含哪些智能系统？

在未来，汽车还能在哪些方面实现智能？你认为"未来智能"与现在的"智能"会有怎样的区别？

 小组活动

活动主题：

未来智能汽车。

活动要求：

以工程思维和设计思维为设计指导基础，以3D建模及3D打印为呈现载体，附详细的设计过程和思想，建设可能的过程，功能（重点突出未来智能汽车设计要解决的问题），优点等的介绍，最终完成未来智能汽车设计。

活动建议：

学生根据自己的需求或者想要解决的问题进行设计，并使用3D建模软件将其制作出来。

可以给到设计参照：根据未来智能城市交通系统智能化程度进行未来智能汽车的设计。公共汽车设计：根据公共汽车最终需要实现的目标、功能和作用，做公共汽车车身及车内整体设计，根据未来智能城市交通系统智能化程度，做可以满足城市正常运行需求的设计（例如：空中城市与地面城市的交通连接等）；个人汽车设计：根据未来智能城市交通系统智能化程度，设计个性化满足个人意愿及舒适度的汽车。总体例如汽车的速度、汽车的运行形式及安全、汽车的多功能性，等等，这些都可以做出合理设计。

用3D建模设计未来智能汽车，并在旁边明确说明其功能作用和可能的运行方式等信息，如果涉及现今不存在的设备或者设施，需要对其进行功能和作用的明确说明。

将解释说明和赋予的智能方面想法做好记录，以便之后的论文整理。

（可以以此为设计方向但不限于此。如果精力允许，希望学生在课下的时候查阅相关的文献资料，扩充自己的设计和想法，使得设计更加具有科学性和可实施性。）

活动过程：

小组讨论，对创作主题进行深刻的解读和讨论，明确未来智能城市交通系统想要解决的主要问题。

组长做好人员及工作的分配，尽量以最优的形式、最高的效率将未来智能汽车设计出来。

活动成果：

完成 3D 建模设计，以书面表达的形式形成对于设计的未来智能汽车设计的设计过程和思想、建造的可能过程、功能、优点等文字内容解释描述（以便之后的论文整理）。

活动时长：

建议 35 ～ 40 分钟。

 讨论与分享

在未来智能交通系统中，除本节课设计的未来智能汽车中的公共汽车和私家车之外，如果想让未来智能交通系统更加完善，还有哪些公共交通设施是可以设计的？这些公共交通设施可以进行怎样的智能设计？请做简要的设计说明。

第三节 未来智能红绿灯

 问题引入

能使得未来智能城市交通系统正常运行最为重要的设计是什么？
在未来智能城市交通系统中红绿灯将会做怎样的智能设计？

 小组活动

活动主题：

未来智能红绿灯。

活动要求：

以工程思维和设计思维为设计指导基础，以3D建模及3D打印为呈现载体，附详细的设计过程和思想，建造可能的过程，功能（重点突出未来智能红绿灯设计要解决的问题），优点等的介绍，最终完成未来智能红绿灯的设计和建设。

活动建议：

学生根据自己的需求或者想要解决的问题进行设计，并使用3D建模软件将其制作出来。

可以给到设计参照：根据城市交通需求，智能红绿灯的维数需要满足车辆行驶需求；未来最大限度地节省人类道路上行驶花费的时间，可以设计为根据道路中实时情况调整红绿灯指示时间，等等。

用3D建模设计未来智能红绿灯，并在旁边明确说明其功能作用和可能的运行方式，如果涉及现今不存在的设备或者设施，需要对其进行功能和作用的明确说明。

将解释说明和赋予的智能方面想法做好记录，以便之后的论文整理。

（可以以此为设计方向但不限于此。如果精力允许，希望学生在课下的时候查阅相关的文献资料，扩充自己的设计和想法，使得设计更加具有科学性和可实施性。）

活动过程：

小组讨论，对创作主题进行深刻的解读和讨论，明确未来智能红绿灯想要解决的主要问题。

组长做好人员及工作的分配，尽量以最优的形式最高的效率将未来智能红绿灯设计出来。

活动成果：

完成3D建模设计，以书面表达的形式形成对于设计的未来智能红绿灯设计的设计过程和思想、建设可能的过程、功能、优点等文字内容解释描述（以便之后的论文整理）。

活动时长：

建议35～40分钟。

 讨论与分享

在完成了未来智能城市交通系统设计、未来智能汽车设计、未来红绿灯设计后，你是否可以总结出每次设计背后所遵循的原理？

第四节 打印 3D 模型

 打印实操

实操步骤：

在教师的指导下，将在 3D One 软件上设计好的 3D 模型文件正确与打印机关联。

根据之前学习到的 3D 打印操作方法，在教师的指导下进行打印。

实操建议：

如果课上的时间不足让所有的组进行实操，教师可以做相应的实操练习调整。

没有完成 3D 模型设计或者相关文字描述内容的组别可以在教室中继续设计。

第五节 评估与总结

评估测试题

1. 你认为未来智能城市交通系统设计、未来智能汽车设计、未来红绿灯设计之间存在哪些逻辑联系？有哪些优点是在未来科技发展过程中需要努力去实现的？哪些缺点是现在及未来科技发展过程中需要避免的？

_____

_____

_____

2. 总结并整理出更为高效、高质量的未来智能城市相关设计的方式方法。

_____

_____

_____

本章总结

说一说，你在这章中学习到了哪些知识和内容？

_____

_____

_____

第十三章
AI的设计及应用——工厂

　　工厂的智能化可以极大地解放人类的双手，将一些需要体力完成的劳动交给机器人完成，根据机器人没有人的正常作息需求的属性，可以很大程度上提高工厂的生产效率和规范生产。所以无论是从解放人类双手的方面讲还是从生产效率上讲，机器人的使用对于工厂的产品加工及生产是具有绝对优势的。通过对第二章第三节智能工厂的学习，我们知道现阶段智能工厂的最优解是人与机器的有效结合，即在人的高效合理控制下，生产机器可以高效地完成工作；同时通过人的高效监控，可以在机器出现故障或者工作不畅时及时地进行有效维修，最终可以实现机器的高效工作。

第一节 未来智能生产线

 问题引入

　　你认为怎样的生产线才可以被称之为智能生产线？未来智能生产线将是什么样子的？

 小组活动

　　活动主题：

　　未来智能生产线。

　　活动要求：

　　以工程思维和设计思维为设计指导基础，以3D建模及3D打印为呈现载体，附详细的设计过程和思想，建造可能的过程（包含工程建设的整个过程、人力、物力、时间、技术等具体实施过程）、功能、优点等的介绍，最终完成未来智能生产线设计和建设。

　　活动建议：

　　学生根据自己的需求或者想要解决的问题进行设计，并使用3D建模软件将其制作出来。

　　可以给到设计参照：产业闭环：产品原材料的多少，产品数量的多少，生产周期的调控，其背后就是大数据的推算。实现原材料的收购预测，给出种植预测，根据销售情况，预测产品数量及周期，使得所有的商品可以以最合适的价值销售出去。

　　用3D建模设计未来智能生产线，并在旁边明确说明其功能作用和可能的运行方式，如果涉及现今不存在的设备或者设施，需要对其进行功能和作用的明确说明。

　　将解释说明和赋予的智能方面想法做好记录，以便之后的论文整理。

　　（可以以此为设计方向但不限于此。如果精力允许，希望学生在课下的时候查阅相关的文献资料，扩充自己的设计和想法，使得设计更加具有科学性和可实施性。）

活动过程：

小组讨论，对创作主题进行深刻的解读和讨论，明确未来智能生产线想要解决的主要问题。

组长做好人员及工作的分配，尽量以最优的形式、最高的效率将未来智能生产线设计出来。

活动成果：

完成3D建模设计，以书面表达的形式形成对于设计的未来智能生产线的设计过程和思想、建设可能的过程、功能、优点等文字内容解释描述（以便之后的论文整理）。

创作时长：

建议35～40分钟。

 —— 讨论与分享 ——

在设计未来智能生产线的过程中，你有哪些新的想法和看法？说一说，未来智能生产线要解决的问题是什么？

第二节 未来智能工作机器人

 问题引入

　　说一说，现阶段智能机器人在工厂中扮演的角色。

　　在未来，智能工作机器人扮演的角色将有哪些转变？

 小组活动

　　活动主题：

　　未来智能工作机器人。

　　活动要求：

　　以工程思维和设计思维为设计指导基础，以3D建模及3D打印为呈现载体，附详细的设计过程和思想，建造可能的过程、功能、优点等的介绍，最终完成未来智能工作机器人设计和建设。

　　活动建议：

　　学生根据自己的需求或者想要解决的问题进行设计，并使用3D建模软件将其制作出来。

　　可以给到设计参照：根据预设不同将机器人分为不同工种，实现机器人指挥和操控机器人，机器人可以完成自检及他检，使得工厂中需要能动操作的部分形成机器人操作的自给自足，即完整的机器人管理体系。

　　用3D建模设计智能工作机器人，并在旁边明确说明其功能作用和可能的运行方式，如果涉及现今不存在的设备或者设施需要对其进行功能和作用的明确说明。

　　将解释说明和赋予的智能方面想法做好记录，以便之后的论文整理。

　　（可以以此为设计方向但不限于此。如果精力允许，希望学生在课下的时候查阅相关的文献资料，扩充自己的设计和想法，使得设计更加的具有科学性和可实施性。）

活动过程：

小组讨论，对创作主题进行深刻的解读和讨论，明确未来智能工作机器人想要解决的主要问题。

组长做好人员及工作的分配，尽量以最优的形式最高的效率将未来智能工作机器人设计出来。

活动成果：

完成3D建模设计，以书面表达的形式形成对于设计的未来智能工作机器人的设计过程和思想、建设可能的过程、功能、优点等文字内容解释描述（以便之后的论文整理）。

活动时长：

建议35～40分钟。

 讨论与分享

在未来，当机器人的控制系统可以实现自学习、自决策、自生长，会给人类的科技发展带来哪些突破？

第三节 打印 3D 模型

 打印实操

实操步骤：

在教师的指导下将在 3D One 软件上设计好的 3D 模型文件正确地与打印机关联。

根据之前学习到的 3D 打印操作方法，在教师的指导下进行打印。

实操建议：

如果课上的时间不足与让所有的组进行实操练习打印，教师可以做相应的实操练习调整。

没有完成 3D 模型设计或者相关文字描述内容的组别可以在教室中继续设计。

第四节 评估与总结

评估测试题

1.你赋予了未来智能工厂哪些特性？这些特性是如何实现的？

_____

_____

_____

2.总结你在设计未来智能工厂过程中的收获及不足的地方。

_____

_____

_____

本章总结

说一说，这章中学习到了哪些知识和内容？

_____

_____

_____

第十四章
AI的设计及应用——家

　　家是我们最为熟悉的地方，是我们避风的港湾，家中的设施各有各的特点，家的智能化则可以很大程度上节省保持家中整洁所耗费的时间。在科技得到一定发展的时候，智能家居的理念被提了出来，我们现在能接触到的一些智能化产品，比如自动洗碗机、自动抽油烟机、扫地机器人，等等，这些智能产品在一定程度上可以解放我们的双手。如果让家的智能化再上一个台阶，不仅仅是解放我们双手，而是变成一个随时检测我们的身体健康，并能实时将一些我们需要使用到的设备调节到对于我们身体健康有益的状态，让未来智能的家不仅仅是娱乐的家更是健康的家。这样目标的实现也许需要很长很长的时间，也许需要的时间并不是很长，这就取决于是否有人真正在这一方面做出努力，进行有效研究。如果可以，我们也是有机会做出自己的贡献的。

第一节 未来智能衣柜

 问题引入

你听说过智能衣柜吗？你觉得未来智能衣柜应该具备哪些特性？

 小组活动

活动主题：

未来智能衣柜。

活动要求：

以工程思维和设计思维为设计指导基础，以3D建模及3D打印为呈现载体，附详细的设计过程和思想，建造可能的过程、功能、优点等的介绍，最终完成未来智能衣柜的设计和建设。

活动建议：

学生根据自己的需求或者想要解决的问题进行设计，并使用3D建模软件将其制作出来。

可以给到设计参照：智能衣柜可以具有的功能：自主将衣服分类整理；根据人对于颜色及衣服喜好度的偏向（可以是手动选择相关信息，也可以是某种设备对于人的情绪喜好监测得到相关信息等）及当天的温度、天气监测，手动选择当天需要去到的场合等综合因素给出穿衣搭配建议。根据选定的衣服搭配、环境场合及自己对于鞋子选择的偏向给出合理的鞋子选择搭配（主要用于解决穿衣搭配不合理、温度不适合、场合不适合、选择困难症等实际性问题）。

用3D建模设计未来智能衣柜，并在旁边明确说明其功能作用和可能的运行方式，如果涉及现今不存在的设备或者设施，需要对其进行功能和作用的明确说明。

将解释说明和赋予的智能方面想法做好记录，以便之后的论文整理。

（可以以此为设计方向但不限于此。如果精力允许，希望学生在课下的时候查阅相关的文献资料，扩充自己的设计和想法，使得设计更加具有科学性和可实施性。）

活动过程：

小组讨论，对创作主题进行深刻的解读和讨论，明确未来智能衣柜想要解决的主要问题。

组长做好人员及工作的分配，尽量以最优的形式最高的效率将未来智能衣柜设计出来。

活动成果：

完成 3D 建模设计，以书面表达的形式形成对于设计的未来智能衣柜的设计过程和思想、建设可能的过程、功能、优点等文字内容解释描述（以便之后的论文整理）。

创作时长：

建议 35 ～ 40 分钟。

 讨论与分享

　　想一想，你设计的未来智能衣柜的哪些功能是现在的科学技术可以实现的？哪些功能是需要新的科学技术和设备的？

　　这些新的科学技术和设备有没有可能变为现实，需要多长时间？

第二节 未来智能软床

 问题引入

你们觉得一张床可以具有怎样的智能功能？

 小组活动

活动主题：

未来智能软床。

活动要求：

以工程思维和设计思维为设计指导基础，以 3D 建模及 3D 打印为呈现载体，附详细的设计过程和思想，建造可能的过程、功能、优点等的介绍，最终完成未来智能软床设计和建设。

活动建议：

学生根据自己的需求或者想要解决的问题进行设计，并使用 3D 建模软件将其制作出来。

可以给到设计参照：智能床垫与智能床架：根据智能床与手环的配套使用，将手环监控到的人体熟睡最合适的相关数据传输到智能床的控制装置，使得智能床能够做出相应的调整，让床垫及床架处于能够让人体最舒适的状态，以此提高人体的睡眠质量；同时另一方面，可以连接医院的身体状态数据，根据个性化人体健康情况或者病态情况，优先以一定程度调节人体健康的状态给出适合的床垫及床架状态，再根据手环检测到的睡觉质量信息传送至智能床控制装置，做适合人体最佳睡眠的微调。其最终目的为既保证人体的睡眠质量，又可以在日常休息中调节人体的健康状况。

用 3D 建模设计未来智能软床，并在旁边明确说明其功能作用和可能的运行方式，如果涉及现今不存在的设备或者设施，需要对其进行功能和作用的明确说明。

将解释说明和赋予的智能方面想法做好记录，以便之后的论文整理。

（可以以此为设计方向但不限于此。如果精力允许，希望学生在课下的时候可以查阅相关的文献资料扩充自己的设计和想法，使得设计更加的具有科学性和可实施性。）

活动过程：

小组讨论，对创作主题进行深刻解读和讨论，明确未来智能软床想要解决的主要问题。

组长做好人员及工作的分配，尽量以最优的形式、最高的效率将未来智能软床设计出来。

活动成果：

完成 3D 建模设计，以书面表达的形式形成对于设计的未来智能软床的设计过程和思想、建设可能的过程、功能、优点等文字内容解释描述（以便之后的论文整理）。

活动时长：

建议 35 ~ 40 分钟。

 讨论与分享

　　除了老师给到的智能建议之外，你又做了哪些方面的智能设计？
　　这些智能设计在现今科技发展的基础上能否具体实施？还需要哪些技术？

第三节 未来智能厨房

问题引入

说一说，自己家中厨房的智能化设备有哪些？

对于已有的智能化厨房，你认为还存在哪些不足的地方？需要做怎样的优化？

小组活动

活动主题：

未来智能厨房。

活动要求：

以工程思维和设计思维为设计指导基础，以 3D 建模及 3D 打印为呈现载体，附详细的设计过程和思想，建造可能的过程、功能、优点等的介绍，最终完成未来智能软床设计和建设。

活动建议：

学生根据自己的需求或者想要解决的问题进行设计，并使用 3D 建模软件将其制作出来。

可以给到设计参照：智能灶台与油烟机的配置，使得当灶台开始工作时，油烟机可以自动开始工作，并同时根据油烟的浓度调节电机工作的功率，最终达到以最节能的方式保证厨房空气的清洁度；当关闭灶台时，油烟机首先得到准备关闭的指令，之后根据厨房油烟浓度调整电机工作功率及最终自动关闭的节点,等等。

用 3D 建模设计未来智能厨房，并在旁边明确说明其功能作用和可能的运行方式，如果涉及现今不存在的设备或者设施需要对其进行功能和作用的明确说明。

将解释说明和赋予的智能方面想法做好记录以便之后的论文整理。

（可以以此为设计方向但不限于此。如果精力允许，希望学生在课下的时候查阅相关的文献资料，扩充自己的设计和想法，使得设计更加具有科学性和可实施性。）

活动过程：

小组讨论，对创作主题进行深刻的解读和讨论，明确未来智能厨房想要解决的主要问题。

组长做好人员及工作的分配，尽量以最优的形式最高的效率将未来智能厨房设计出来。

活动成果：

完成 3D 建模设计，以书面表达的形式形成对于设计的未来智能厨房的设计过程和思想、建设可能的过程、功能、优点等文字内容解释描述（以便之后的论文整理）。

活动时长：

建议 35 ～ 40 分钟。

 讨论与分享

　　未来智能厨房的设计，会给人们在做饭过程中带来哪些便利？

第四节 未来智能客厅

 问题引入

如果以降低能耗为设计目标，你认为对于未来智能客厅应该做怎样的设计？

如果以新能源加入为设计目标，未来智能客厅设计应该做怎样的调整？

 小组活动

活动主题：

未来智能客厅。

活动要求：

以工程思维和设计思维为设计指导基础，以 3D 建模及 3D 打印为呈现载体，附详细的设计过程和思想，建造可能的过程、功能、优点等的介绍，最终完成未来智能客厅的设计和建设。

活动建议：

学生根据自己的需求或者想要解决的问题进行设计，并使用 3D 建模软件将其制作出来。

可以给到设计参照：灯光控制：温度感应器或者人体感应器或者佩戴配套的感应智能手环（以便家中的智能设备检测人员的情况从而做出最优状态的调整），智能设备通过感应人体温度或者影像确定客厅、卧室、书房等地方照明设备的开关（可手动可自动控制，其中手动控制优先）设计及自动调控。照明设备的关闭在人离开的同时触发关闭指令，并在最短时间内完成照明设备的关闭。

用 3D 建模设计未来智能客厅，并在旁边明确说明其功能作用和可能的运行方式，如果涉及现今不存在的设备或者设施需要对其进行功能和作用的明确说明。

将解释说明和赋予的智能方面想法做好记录以便之后的论文整理。

（可以以此为设计方向但不限于此。如果精力允许，希望学生在课下的时候查

阅相关的文献资料，扩充自己的设计和想法，使得设计更加具有科学性和可实施性。）

活动过程：

小组讨论，对创作主题进行深刻解读和讨论，明确未来智能客厅想要解决的主要问题。

组长做好人员及工作的分配，尽量以最优的形式、最高的效率将未来智能客厅设计出来。

活动成果：

完成 3D 建模设计，以书面表达的形式形成对于设计的未来智能客厅的设计过程和思想、建设可能的过程、功能、优点等文字内容解释描述（以便之后的论文整理）。

活动时长：

建议 35 ~ 40 分钟。

 讨论与分享

你设计的未来智能客厅以现在的科技发展情况是否可以实现？如何具体实施？

第五节 打印 3D 模型

 打印实操

实操步骤：

在教师的指导下将在 3D One 软件上设计好的 3D 模型文件正确地与打印机关联。

根据之前学习到的 3D 打印操作方法，在教师的指导下进行打印。

实操建议：

如果课上的时间不足让所有的组进行实操，教师可以做相应的实操练习调整。

没有完成 3D 模型设计或者相关文字描述内容的组别可以在教室中继续设计。

第六节 评估与总结

⊚ 评估测试题

1. 除去已经设计的家居方面，你认为还有哪些方面是可以做智能设计的？

_____

_____

_____

2. 本章以未来智能健康之家为核心内容做了智能家居的升级，你在设计过程中发现了哪些新颖的点，又有哪些不足之处？

_____

_____

_____

📡 本章总结

说一说，你在这章中学习到了哪些知识和内容？

_____

_____

_____

第十五章 成果展示

成果展示的过程是学生综合能力展示的过程。本门课旨在培养学生打开对于人工智能认识的局限性，通过对已经掌握的工程思维及设计思维的运用，能动地设计未来的智能城市中的交通系统、工厂、家居。以3D建模和3D打印为基础和载体，"对于未来智能城市的畅想 + 工程和设计"为过程，最终以"论文 +3D 模型"为成果进行答辩及成果展示。

第一节 未来智能城市模块设计

问题引入

　　未来智能城市模块除去本门课已经设计的几个模块之外，还有哪些模块是需要设计的？
　　这些模块在设计的过程中应该遵循什么样的原则？

小组活动

活动主题：

未来智能城市模块设计。

活动要求：

以工程思维和设计思维为设计指导基础，以 3D 建模为呈现载体，附详细的设计过程和思想，建造可能的过程、功能、优点等的介绍，最终完成未来智能城市其他模块设计。（此过程只需要将除本门课之外未来智能城市建设必要的模块进行理念上的设计即可，有精力可以进行 3D 建模，如果能够完成模型的打印则更好。）

活动建议：

学生根据自己的需求或者想要解决的问题进行设计。

可以以之前的智能设计为经验基础，开动脑筋，在生活中的其他方面也做合理的智能设计，例如："AI 的设计与应用——学校""AI 的设计与应用——商场"等，学生可以根据自己的认知进行头脑风暴，并将想法做好记录，最终答辩展示时，此部分也可以作为未来智能城市设计的内容，以文字形式展示即可。（也可以利用 3D 建模及 3D 打印，在课下的时候完成模型的设计及打印，最终用于答辩展示。）

用图画设计未来智能城市其他模块，并在旁边明确说明其功能作用和可能的运行方式，如果涉及现今不存在的设备或者设施，需要对其进行功能和作用的明确说明。

将解释说明和赋予的智能方面想法做好记录，以便之后的论文整理。

（可以以此为设计方向但不限于此。如果精力允许，希望学生在课下的时候查阅相关的文献资料扩充自己的设计和想法，使得设计更加具有科学性和可实施性。）

活动过程：

小组讨论，对创作主题进行深刻解读和讨论，明确未来智能城市除去已经设计好的模块之外的必要模块和想要解决的主要问题。

组长做好人员及工作的分配，尽量以最优的形式、最高的效率将未来智能城市其他模块设计出来。

活动成果：

完成图形设计，以书面表达的形式形成对于设计的未来智能城市其他模块的设计过程和思想、建设可能的过程、功能、优点等文字内容解释描述（以便之后的论文整理）。

活动时长：

建议 35 ～ 40 分钟。

（注：教师可以将本节课作为用于论文整理的一节课，整体看教师的教学安排。）

第二节 答辩展示

开场：（教师做开场讲话）。

例如：通过本门课程的学习，首先，我们熟练地掌握了3D建模和3D打印，并在此基础上对未来智能城市进行思维开放式的设计，比如对未来智能家居的设计，我注意到，咱们同学中打印的作品外观很是超前，赋予的智能理念也是新颖中不乏创意，所有的未来智能城市模块的设计都涵盖了每一个同学的心血，这节课，我们就一起将我们的成果展示出来。大家要做到欣赏自己的成果的同时，虚心接受改进意见；欣赏其他人的成果的同时，发现并学习新颖的创意理念。

本节课的答辩展示，每组需要展示的内容包括论文和设计的模型，展示过程为以模型为展现主体进行有效地讲解。现在我们开始答辩展示。

学生答辩：

展示论文及模型。

指导教师提问环节：

例如：你们的工作和人员是怎样分配的？你们的设计理念是什么？

指导教师总结环节：

例如：你们的未来智能家居的设计是整个未来智能城市设计的亮点，以健康之家为核心，解决了现在人们在身体已经是亚健康状态却不自知的问题，以及人们在已经知道自己的身体健康出现问题却不知道应该怎样做才能有效地调理身体。你们设计的未来智能家居在一定程度上是可以解决这一方面的相关问题的，设计理念和方向是很不错的，很棒，等等。